Hans Schaub

Zunderschwamm und mehr

Hans Schaub

Zunderschwamm

Fomes fomentarius

und mehr!

Meine Erfahrungen beim Bearbeiten des Zunderschwammes

Bibliografische Information der Deutschen Nationalbibliothek:
Die Deutsche Nationalbibliothek verzeichnet diese Publikation in der Deutschen Nationalbibliografie; detaillierte bibliografische Daten sind im Internet über http://dnb.ddb.de abrufbar.

ISBN 978-3-86870-933-9

www.rediroma-verlag.de
21,95 Euro (D)

Inhaltsverzeichnis

Eine Birke, seit ca. sechs Jahren regelmäßig im Frühjahr und Herbst besucht, vor zwei Jahren abgeerntet, hat in zwei Jahren neue Fruchtkörper gebildet, wie im Bild zu sehen ist.
Oben eine Seltenheit: Ein herrlicher Birkenporling (Piptoporus-betulinus) neben Zunderschwämmen, schon im dritten Jahr in Folge an der gleichen Stelle und in fast gleicher Größe am selben Stamm.
Leider steht der Baum in der Nähe eines viel begangenen Weges.

Alter, schon abgestorbener Zunderschwamm an Buche gewachsen. Hier ist die Tramaschicht nur sehr schwach im Verhältnis zu der Größe des Schwammes, ein Zeichen von üppigem Zuwachs in feuchter Lage. Geschätztes Alter etwa 13 bis 15 Jahre. Dieser Zunder ist unbrauchbar!

Einführung.

Was ist ein Zunderschwamm (Fomes fomentarius)? Diese Frage habe ich bei vielen Gelegenheiten immer wieder gestellt.
Kennen Sie den Zunderschwamm? Wissen Sie, was das ist? In vielen Fällen, selbst bei naturverbundenen Leuten, war oftmals nur ein Kopfschütteln die Reaktion. Fakt ist, dass bezüglich des Zunderschwammes sehr wenige Kenntnisse vorhanden sind. Schade, aber beinahe zu erwarten, denn bei mitgemachten und miterlebten Waldführungen werden Baumpilze so gut wie nicht erwähnt. Da ich mich über Jahre intensiv mit der Thematik Zunderschwamm bzw. überhaupt Baumpil-

zen befasst habe und auch in Kreisen von Gleichgesinnten darüber diskutiert wird, bin ich von verschiedener Seite angeregt worden, meine Erfahrungen und praktisch erworbenen Kenntnisse der verschiedenen Möglichkeiten der Zunderbearbeitung aufzuschreiben und somit für die Nachwelt festzuhalten.
Tatsächlich habe ich in den letzten 20 Jahren viele Erfahrungen gesammelt und dabei nicht wenig Lehrgeld gezahlt, was mich zusätzlich zum Schreiben bestärkt hat. Beim Verfassen der einzelnen Arbeitsschritte stellte ich fest, dass es gar nicht so einfach ist, alle Schritte im Detail zu nennen und alles verständlich zu vermitteln.
Ich kann gut nachvollziehen, dass unsere Altvorderen, die sich mit der Zundermacherei ihren kargen Lebensunterhalt verdienten, kaum etwas über ihr Handwerk aufschrieben. Schließlich hat es kein Mensch damaliger Zeit für nötig gehalten, etwas darüber auf Papier festzuhalten, wozu auch?

In der einschlägigen Literatur ist zu diesem Thema nicht viel Brauchbares zu finden und nachzulesen. Auch in Onlinequellen sind teils Beschreibungen über die Zunderverarbeitung zu finden, über die ich manchmal nur schmunzeln kann!
Die in diesem Buch aufgeführten Arbeitsschritte und alle mit dem Zunderschwamm gemachten Erfahrungen sowie Erkenntnisse sind nach eigenen, teils langwierigen Versuchen entstanden und festgehalten. Die zu diesen Schritten gezeigten und gemachten Fotos entstanden bei den Arbeiten und sollen zum besseren Verständnis beitragen. Alle im Buch gezeigten Fotos sind eigene Aufnahmen. Meine eigenen Versuche habe ich bei einer Reise nach Rumänien vertieft. Ich reiste dazu in das Dörfchen Corund, den weltweit einzigen Ort, wo einige wenige Leute noch heute kunsthand-

werklich Zunderarbeiten wie vor über 150 Jahren (seit 1863) praktizieren. Corund ist am Rande zu Siebenbürgen gelegen. Bei dem unvergesslichen Besuch machte ich eine nützliche Begegnung mit einem der noch aktiven Zundermeister, wo sich eigene Erfahrungen bestätigten, ich mich jedoch auch belehren lassen musste. Heute weiß ich, dass dieses Zusammentreffen nicht nur für mich einen großen Nutzen brachte. Es kann aber auch nicht verschwiegen werden, dass die rumänischen Zundermacher auch nur das preisgeben, was sie sagen wollen – oder dürfen. Wichtige Arbeitsschritte bei der Zunderbearbeitung, die, bei denen es besonders darauf ankommt, und die, die informativ wären, werden natürlich verschwiegen. Deshalb steht immer wieder das eigene Probieren und Versuchen mit bestimmten Vorgängen an erster Stelle.
Das »Lehrgeld«, welches dabei gezahlt wird, ist normal und muss eben in Kauf genommen werden.
Ich hoffe, dass die nachfolgenden Ausführungen dazu beitragen, allen, die sich mit der »Zundelmacherei«, der Zundersuche und Bearbeitung, befassen wollen, eine Hilfe sind.
Es erscheint mir jedoch wichtig – und das möchte ich vorweg sagen –, dass etwas handwerkliches Geschick und ein praktischer Einschlag notwendig sind. Das Handwerk besteht aus stetem Probieren, also nur nicht gleich aufgeben! Schließlich ist jeder Schwamm individuell, einzigartig verschieden und anders in seiner Form und Beschaffenheit. Je nach Wachstumslage und Wirtsbaum gibt es teils beträchtliche Unterschiede.
Ich wünsche bei der Umsetzung eine glückliche Hand und viel Erfolg.

Ein Buchenstamm mit sehr guten brauchbaren Fruchtkörpern. Wenige Rillen sind ein gutes Zeichen und lassen eine gute Trama erkennen – in diesem Fall noch dazu in »erntefreundlicher« Höhe!

Der Zunderschwamm – Fomes fomentarius.

Auch bekannt ist er unter der Bezeichnung Feuerschwamm, doch ist diese Bezeichnung nicht richtig, denn der Feuerschwamm – ob der Graue Feuerschwamm (Phellinus igniarsrius) oder der Schwarze Feuerschwamm (Phellinus trivalis) – wachsen ausschließlich an Nadelholz und sind wegen seiner Härten für die Bearbeitung zu Schmuck und Feuerzunder unbrauchbar. Der Feuerschwamm ist deshalb zur Zunderverarbeitung auszuschließen. Er kann leicht mit dem echten Zunderschwamm verwechselt werden. Einen genauen Test und Beweis kann die Untersuchung der Außenkruste sein. Legt man ein Stück der Außenkruste vom echten Zunderschwamm in einen Tropfen Kalilauge auf einen weißen, glatten Unter-

grund, verfärbt sich die Lauge sofort in eine blutrote Lösung.
Bei dem Feuerschwamm verfärbt sich die Lauge nicht.
Der Feuerschwamm diente früher zum Erhalten der Glut in der Feuerstelle, daher wohl auch die Bezeichnung.
Auch in unserer Zeit kann der Feuerschwamm zum gleichen Zweck dienlich sein, abends im Ofen zuletzt aufgelegt, ist bei wenig Zug im Feuerraum die Glut bis zum Morgen haltbar. Freilich ist dies nur ein Versuch, denn heutzutage gibt es ja Alternativen!
Der Feuerschwamm eignet sich sehr gut zur Herstellung gestalterischer und kunstvoller Gegenstände, allerdings ist eine intensive und gute Imprägnierung gegen Holzschädlinge (Wurmfraß) unbedingt erforderlich.

Hier zum Vergleich der Schwarze Feuerschwamm (Phellinus trivialis) an einer umgestürzten Erle mit deutlichem Zuwachs. Aufnahme Mitte April 2015.

Der Graue Feuerschwamm (Phellinus igniarius). Wenn man den Schwamm genau betrachtet, ist der Unterschied zum echten Zunderschwamm schon an der flachen Wuchsform erkennbar, ein sehr harter Fruchtkörper und schwer zu bearbeiten!

Bei uns wächst der echte Zunder hauptsächlich an Buche und Birke, an anderen Laubhölzern eher selten. Gesunde Bäume befällt der Zunderschwamm unter normalen Verhältnissen nicht. Wird der Baum aber durch Frost, Sturmbruch oder andere Schäden verletzt und er kann die schadhaften Stellen nicht mehr selbst schließen, entsteht in den Schadstellen durch die eindringenden Sporen die Befruchtung durch Fomes fomentarius und es bildet sich das Micelial des Fruchtkörpers. Das Zundermicelial bildet sich an den beschädigten Stellen der Rinde und zwischen den einzelnen Jahresringen des Baumes. Wenn die Micelialbildung ansehnliche Größen angenommen hat und der Baum bricht beispielsweise durch Sturmeinwirkung um, spaltet sich der Stamm häufig an den befallenen

Jahresringen auf. Die Micelialfetzen hängen dann wie Gardinen sehr attraktiv herunter, oft sehr hoch in unerreichbaren Höhen. Die Micelialfetzen können bei einer Stärke von 2 bis 6 mm durchaus Ausmaße von 20 x 60 bis 80 cm oder größer erreichen.
Das Trocknen dieser Miceliallappen ist möglich, aber sehr aufwendig. Die Lappen müssen ständig bewegt und gewalkt werden, damit sie nicht steif werden, und das in einem möglichst dunklen und warmen Raum (am besten so etwas wie einen Heizungskeller).
Sollte das gelingen, hat man den besten Feuerzunder geschaffen! Er fängt sehr leicht Funken auf und glimmt. Man verwendet ihn so, wie er ist – also nicht klopfen! Es ist allerdings sehr selten, dass man überhaupt derart gutes Micelial finden und bekommen kann.
An liegenden Buchenstämmen ist natürlich ein Vorkommen ebenso möglich, diese sind aber in der Regel nicht aufgespalten.
Bei Birke habe ich derartiges Micelial in diesen Größen noch nicht vorgefunden. Gründe dafür sind wahrscheinlich, dass Birke zum einen viel fester gewachsenes Holz hat und sich die Stämme bei Umbruch nicht in der Art aufspalten, wie es normalerweise Buchenstämme tun.
Im Bayrischen Nationalpark in der Nähe vom Zwieseler Waldhaus kann man mit Hilfe eines Naturparkwächters mehrere der umgestürzten alten Buchen bewundern. Aus ihnen hängen teils mächtige Micelialfetzen herab. Leider sind diese nur schwer zu erreichen, zumal sich die Bäume an Stellen befinden, wo ein normaler Wanderer nicht hinkommt und auch nicht hin soll! Schließlich dürfen im Nationalpark die Wanderwege nicht verlassen werden.

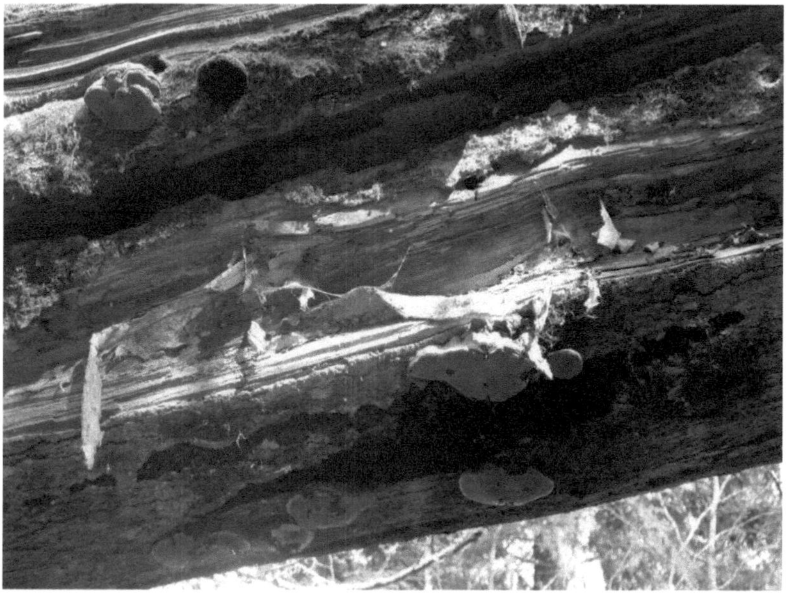

Bild oben: Zundermicelialfetzen an einem Buchenstamm in unerreichbarer Höhe (ca. 4 m).
Bild unten: Ein seltener Anblick, herrliche Micelialfetzen an Buche. Tot- und Bruchholz.

Am Boden liegende Buchenbruchstämme mit Zunderschwammfruchtkörpern mit kräftigem Sporenauswurf. Diese Aufnahmen sind im April 2012 gemacht worden. Der geotropische Wuchs hindert den Schwamm am Sporenabwurf nicht.

Am schnellsten werden die Stämme von den Zunderschwämmen befallen, die auf feuchtem Boden liegen und stocken. Das gleiche trifft für die Besiedlung an Birken zu, wo die Fruchtkörper aber nicht die Größe erreichen wie an Buchenstämmen, da diese erfahrungsgemäß im Stammdurchmesser kleinere Dimensionen aufweisen. An Buchenstämmen können die Fruchtkörper mitunter bis zu 40 cm Breite und mehr erreichen, an Birke sind solche über 25 cm Breite schon eher seltener. Das Wachstum des Zunderschwammes braucht Wetter wie etwa beim Obstanbau. Zuerst bedarf es Frost, um Risse und Angriffsmöglichkeiten zum Eindringen der Sporen zu schaffen. Dann sollte feuchtes und mäßig warmes Wetter, vornehmlich im Frühjahr und Sommer, auftreten, um zu fruktizieren. Unter diesen Bedingungen können sich mehrere Ringe bilden. Ein Ring entspricht jeweils einem Wachstumsschub.

Ein Zunderschwamm, nachweislich zwischen März und Oktober eines Jahres gewachsen. (Aufnahme: November 2013)

Außergewöhnliche Zunderwuchsform: Dieser Zunder ist vor drei Jahren geerntet worden und ergab den bislang größten Zunderlappen mit einer Größe von 65 x 30 cm. Der Schwamm war im Durchmesser ca. 12 cm groß.
Die langjährige Praxis zeigte, dass so etwas in unseren Wäldern sehr selten vorkommt. Daraus lässt schließen, dass in unseren Regionen kaum außergewöhnliche »Wundergrößen« zu erwarten sind. Dieser Zunderschwamm hatte so gut wie keine Röhrenschichten.

Die beste Erntezeit ist die Zeit nach dem Laubfall im Spätherbst, ähnlich wie im Obstbau.
Ist das Wetter günstig, wachsen gute Fruchtkörper mit wenigen Rillen heran. Ist das Wetter wechselhaft, wie häufig in unserer Region, so wachsen nur weniger brauchbare und schlechte Fruchtkörper, die bei der Zundelmacherei für Schmuckzunder weniger geeignet sind, für die Verwendung zu Feuerzunder jedoch allemal brauchbar sind.
Beweis sind mehrere Fruchtkörper an einer Birke, die regelmäßig über einen längeren Zeitraum beobachtet

wurden. In einem Sommer sind von der Bildung im April bis zum Oktober 2013 Aufnahmen entstanden. Es ist fast nicht zu glauben, dass in wenigen Tagen bei günstiger Wetterlage die beobachteten Fruchtkörper eine derartige Veränderung erlebten, dass sie mit wenigen Fotoaufnahmen im Abstand von nur fünf Tagen gut sichtbar sind.

Mehrere Jahre wurde in regelmäßigen Abständen, immer zwischen März und April sowie September und Oktober, diese Birke besucht. Bei günstiger Wetterlage wurde sie auch im Winter beobachtet. Um einen Vergleich erzielen zu können, wurden dabei Fotos gemacht. Die obigen Bilder entstanden am 16. Oktober 2014. An gleicher Stelle wurde vor zwei Jahren ein beachtlicher Zunderschwamm von 22 cm Breite abgeerntet. Die Ernte erfolgte durch Absägen mit der Schwertsäge, sodass die Rinde nicht beschädigt wurde. Die alte Anwachsstelle ist noch zu sehen!
Nach zwei Jahren bildete sich an gleicher Stelle der abgebildete Schwamm neu. Allerdings ist es, wie gut zu erkennen, ein noch recht verkrüppeltes Exemplar. Ich habe nach Erfahrung an solchen Stellen noch nie einen Fruchtkörper gesehen, der nur Trama

aufweist, wie es in der Literatur beschrieben steht. Eine genaue Kontrolle über einen längeren Zeitraum ist doch der beste Beweis. Übrigens ist dieser Fruchtkörper nur einer von drei weiteren am gleichen Baum. Hoffentlich wird er noch lange erhalten bleiben! Es gibt ja noch andere Spaziergänger und der Baum steht an einen Wanderweg!

Fünf Tage später entstand diese Aufnahme. Es ist unglaublich, was sich bei entsprechend guter Wetterlage in diesem Zeitraum bilden kann. Der Schwamm ist fast nicht mit dem vorher gezeigten vergleichbar und beim Gegenüberstellen mit Aufnahmen von vor einem Jahr nicht wiedererkennbar.

Die Schnittfläche des vorher dort gewachsenen Zunderschwammes ist noch deutlich erkennbar und zeigt, dass der frühere Fruchtkörper um einiges größer war. Der derzeitige Wachstumsstand wird weiter beobachtet. Es ist noch ein deutlicher Zuwachs zu erhoffen.

Wenn die Ernte sorgfältig geschieht, ist ein erneutes Nachwachsen möglich, sofern die Versorgung durch den Wirtsbaum gegeben ist. Man kann an der alten Schnittstelle die Wurmlöcher in der alten Tramaschicht noch gut erkennen. Das Alter beträgt zweieinhalb Jahre. Die Aufnahme ist Anfang Oktober 2014 gemacht worden. Ein weiterer Zuwachs ist hier noch zu erwarten.

In Deutschland beschränkte sich die Zunderverarbeitung in erster Linie auf Feuerzunder. Doch auch für den medizinischen Bereich, speziell für die Wundbehandlung und zur Blutstillung bei Operationen, wurde der Zunder zu »Fungus Chirurgorum« verarbeitet. Für derartige Produkte war der hier zu findende Zunderschwamm mit der durchschnittlichen Qualität allemal ausreichend. Die Bearbeitungszentren waren über das gesamte deutsche Land verteilt, vorrangig in den waldreichen Gebieten, wovon es ja viele gab. Die Schmuckzunderherstellung wurde nach angestellten Recherchen nicht so intensiv betrieben, schon des raren Grundmaterials wegen.

Das einzige noch überlebende Gebiet, wo die kunsthandwerkliche Herstellung zu Schmuckzunder erfolgt, liegt in Rumänien am Rande zu Siebenbürgen in Corund. Selbst dort wird der Rohzunder von weit her und auf beschwerliche Weise von der Bukovina (ein uriger großer Buchenwald), zum Teil sogar aus der Ukraine aus über 900 m Höhe herangeschafft. Die Ernte erfolgt im Spätherbst, wenn das Laub fällt. Meist wird dann der ganze Jahresbedarf mit einem Mal gedeckt.

Die Ernte des Zunderschwammes.

Die eigentliche Ernte im Wald ist eine besondere Herausforderung, manchmal recht beschwerlich, sehr anstrengend und oft nicht ohne einen zweiten Helfer möglich. In vielen Fällen sind die Schwämme hoch oben am Stamm angewachsen. Diese sind meist die schönsten und größten und eignen sich am besten zur Verarbeitung. Bevor weitere Arbeitsschritte beschrieben werden, soll ein wichtiger Punkt nicht unerwähnt bleiben: Oft bekam ich von verschiedener Seite die Frage gestellt, ja in diversen Quellen wird es sogar behauptet, ob der Zunderschwamm unter Naturschutz gestellt sei.
Der Zunderschwamm steht auf keiner roten Liste und steht nicht unter Naturschutz. Er ist nirgendwo als gefährdet eingestuft.

Eine Teleskop-Astsäge ist für die hoch am Stamm gewachsenen Zunderschwämme unbedingt erforderlich und eine große Hilfe.Die Ernte auf diese Weise ist zwar sehr schwer,aber die einzige Hilfe in unwegsamem Gelände, den Schwamm zu ernten. Mit einer Reiserstange hat man in dieser Höhe wenig Erfolg.

Die zur Zunderernte wichtigsten Werkzeuge: zwei Spreizmeisel, ein kräftiges Messer, zwei Stemmeisen, eine Handaxt. Die im Hintergrund zu sehende Kettensäge mit Akkuantrieb ist manchmal sehr nützlich aber nicht unbedingt erforderlich. Eine leichte Leiter (nicht im Bild) wäre dagegen oft nützlicher.

Sind die Schwämme in erreichbarer Höhe, ist es schon wesentlich einfacher, mit einem Brecheisen und der Handaxt die Schwämme, von oben an der Anwachsstelle angesetzt, mit einigen Schlägen und Drücken abzusprengen. Das einfache Abhacken sollte vermieden werden, weil mit ungezielten Axtschlägen sowohl Fruchtkörper als auch Rinde ungewollt getroffen und beschädigt werden können. In Wäldern und Gebieten, die sich in Privateigentum befinden, ist es besser, vor der Ernte nachzufragen, ob dort geerntet werden darf.

Nicht in jedem Fall ist die Ernte durch Abtrennen mit der Säge nötig. Wenn Bäume so weit geschädigt sind wie diese Birke, können bedenkenlos die Schwämme mit dem Spreizeisen entfernt werden. Im Übrigen ist eine Ernte, wenn sie nicht mit der Säge erfolgt, erlaubt. Es sollte aber in jedem Fall eine schonende Arbeit ausgeführt werden, was mittels abhacken mit der Axt nicht in jedem Fall gelingt.

Bei den verschiedenen Erntevorgängen ist erkennbar, dass der Zunderschwamm nicht einfach zu haben ist. Deshalb ist der Zunder, wenn dieser später soweit verarbeitet ist, dass brauchbare Lappen entstanden, sehr wertvoll.

Im Laufe der weiteren Bearbeitungen wird bei den verschiedenen Arbeitsschritten jedes Stück bis auf die harte Außenkruste und die Röhrenschicht einer Verwendung zugeführt. Man kann aus jedem noch so kleinen Stück ein nützliches Produkt herstellen.

Hin und wieder findet man auch einen brauchbaren Schmuck-Zunderschwamm, der imprägniert, verputzt und lackiert auf einer Wandplatte einen schönen Wandschmuck ergeben kann.

In besonderen Fällen kann der Einsatz einer Teleskop-Kettensäge mit Akkuantrieb gute Dienste leisten. Der Transport ist jedoch meist der Grund, weswegen ich sie nur selten einsetze. Je nach Bedingungen und Gelände kommt es vor, dass eine leichte Leiter besser zum Einsatz gebracht wird. Dass in früheren Zeiten sogenannte Reiserstangen eingesetzt wurden, kann ich nur bedingt nachvollziehen, da ich weiß, wie fest die Schwämme angewachsen sind.
Ein anderes, umso besseres Hilfsmittel – so sonderbar es klingt – ist das Fernglas. Es hat mir schon oft gute Dienste erwiesen, da manche Schwämme weit oben am Baumstamm wachsen und diese vor der Ente mit dem Fernglas somit besser zu beurteilen sind.
Vom Bayrischen Wald ist überliefert, dass die Ernte zum Teil mit Steigeisen durchgeführt wurde. Dieses

Unternehmen ist aber wegen der Verletzung der Bäume verboten worden und steht unter Strafe. Außerdem ist es sehr gefährlich, da – schon am Pilzbefall erkennbar – die Stämme nicht mehr die erforderliche Standfestigkeit aufweisen.

Dieser Buchenstamm mit ca. 80 cm Durchmesser wird von mir schon einige Jahre besucht. An einem schwer erreichbaren Hang ist dieser mit beachtlichen Schwämmen bewachsen. Da der Stamm schon mindestens 15 Jahre dort liegt, sind Fruchtkörper mit einem geotropischen Wuchs entstanden, die so groß geworden sind, dass diese getrennt und zu Zunderlappen verarbeitet werden können. Einige davon wurden in diesem Jahr geerntet (rechts im Bild). An der Bruchstelle ist Zundermicelial zu erkennen. Es hat sich erwiesen dass diese Schwämme an der alten Buche zu hart waren, selbst eine sehr lange Einweich- und Kochzeit hat wenig geholfen, die Schwämme verarbeitungsfähig zu machen. Die noch am Stamm sichtbaren Schwämme werden wohl nur am Stamm verbleiben oder zu Schmuckzunder verarbeitet.

Bei den meisten Zunderschwämmen habe ich festgestellt, dass die Anwachsstellen immer nach Norden zeigen. Die Wirtsbäume sind überwiegend an Nordhängen zu finden, an Südhängen findet man sie kaum. Der gezeigte alte Buchenstamm befindet sich ebenfalls an einem Nordhang.

Ein beachtlicher Zunderschwamm, der noch im April 2014 einen reichen Sporenabwurf hatte, war bereits im Oktober desselben Jahres vollkommen mit Wurmlöchern überzogen, sodass eine geplante Ernte im Herbst nicht mehr erfolgen konnte. Der Verfall innerhalb von sieben Monaten ist beachtlich. Er ist 28 cm breit und weist wenig Rillen auf.

Bei einer Reise nach Skandinavien (Norwegen, Finnland und Schweden) sah ich Zunderschwämme, wie sie bei uns überhaupt nicht zu finden sind. Die Schwämme sehen ganz hell aus, beinahe weiß, und sind aus größerer Entfernung beinahe mit Birkenporlingen zu verwechseln, was anfangs geschah (vom Bus aus). Die Wuchsform ist identisch wie bei uns, jedoch sind die Zunderschwämme dort glatt und haben keine Rillen. Zum Verarbeiten sind diese Exemplare ideal. Sie haben so gut wie keine Röhren und bestehen großenteils aus Trama. Die Schwämme wachsen im Norden ausschließlich an Birke, da in diesen Lagen die Buche wegen des Klimas nicht zu finden ist. Die Fruchtkörper werden demzufolge auch nicht größer als 30 cm im Durchmesser. Meist sind sie nur ca. 15 bis 20 cm klein, ergeben jedoch wegen der Beschaffenheit viel größere Zunderlappen, welche hauptsächlich durch Ziehen und weniger durch Klopfen gewonnen werden. Immer wieder wichtig ist die Erhaltung der Feuchtigkeit nach der Ernte!

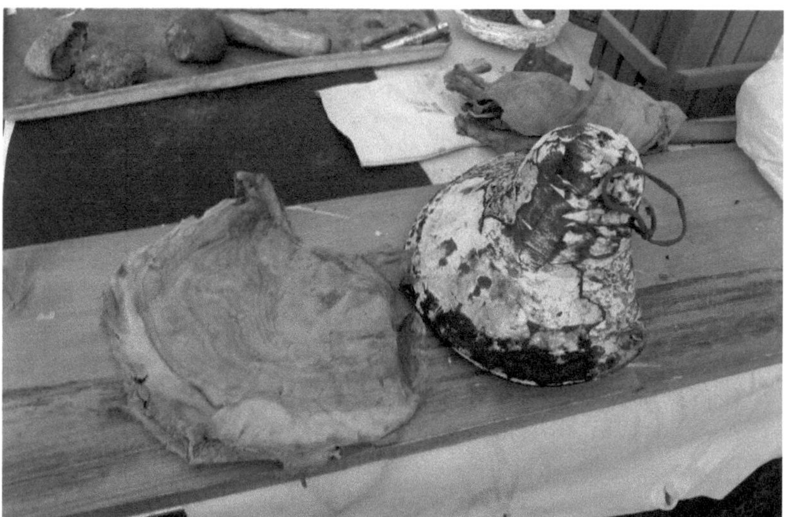

Ein Zunderschwamm aus dem nördlichen Schweden. Links sieht man den Fruchtkörper von hinten. Es ist nur Trama zu erkennen. Der Schwamm ist ca. 15 cm breit und hat keine Rillen. Er wuchs an Birke.

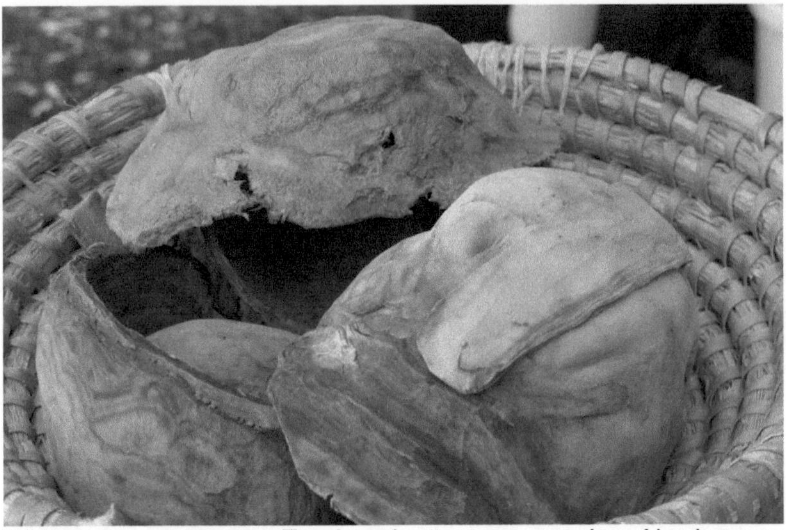

Bilder von gezogenen Zunderschwämmen aus dem Norden von Schweden, an Birke gewachsen.
Durch den reichen Trama-Anteil ist es nur möglich, solche Tramastücke anzufertigen, auch ist die Herkunft von an Birke gewachsenen Schwämmen von gewisser Bedeutung.

An Buche gewachsene Schwämme sind sofort an der Kruste erkennbar. Sie fühlt sich im Gegensatz zu Schwämmen von Birke viel härter an. Mit etwas Erfahrung kann man den Unterschied zwischen Zunder von Buche und Birke spüren. Mit Schwämmen von Birke habe ich selbst die besten Bearbeitungsergebnisse erreicht. Nicht umsonst sind früher, als die Feuerzunderbearbeitung noch blühte, die Zunderschwämme überwiegend aus Skandinavien herangeschafft worden.

Ein Zunderschwamm aus Rumänien. Der Schwamm stammt aus der Bukovina im Norden Rumäniens an der Grenze zur Ukraine und einer Höhenlage von über 900 m. Es ist nicht die beste Wuchsform. Gut zu erkennen ist die große Tramaschicht, während die Röhrenschicht gerade einmal etwa 10 Prozent ausmacht. Wie zu erkennen ist, wird beim Anschneiden wenig darauf geachtet, ob längs oder quer zum Fruchtkörper angeschnitten wird. Das ist je nach Verwendungszweck unterschiedlich. Ich konnte vor Ort der Bearbeitung zusehen. Nach dem Abschneiden der Kruste wurde für die Bearbeitung des benötigten Teilstückes nach wenigen Holzhammerschlägen mit dem Ziehen über den Knieschutz begonnen. Die nächsten Bilder zeigen das Arbeiten beim Zundermeister in Corund in Rumänien. Das Material ist ausschlaggebend für die Gegenstände, welche daraus hergestellt werden. Nach intensivem Erfahrungsaustausch ist mir anhand einiger Fotos erklärt worden, dass der Zunder aus unserer Region zu Schmuckzunder nur bedingt geeignet ist.

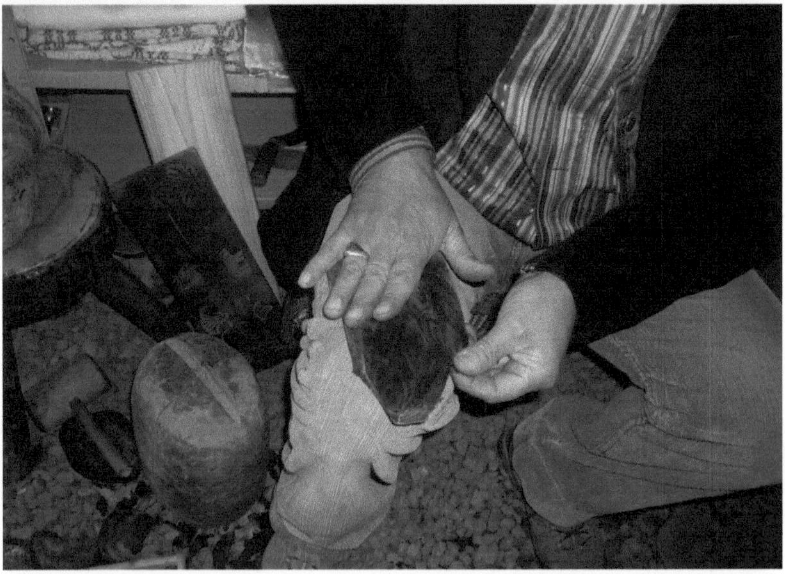

Bild oben: Mit dem üblichen Sichelmesser werden wie erforderlich benötigte Stücke vom eingelagerten Schwamm abgeschnitten.
Bild unten: Nach wenigem Klopfen wird gefühlvoll gezogen, bis die erforderliche Größe erreicht ist. Hier beim Zundermeister Mathe Karoly in Corund.

Der Zundermeister zeigt eine Zierdecke, etwa 50 cm x 30 cm mit gepressten Blattmotiven, die aus kleineren Abfallstücken mit einem Holzmodell in feuchtem Zustand unter Druck mit einem heißen Bügeleisen gepresst werden.
Das Holzmodell mit verschiedenen eingeschnitzten Mustern ist im zweiten Bild zu sehen. Die mithelfenden Frauen schneiden die Formen aus. Solche Motive gibt es an die 150 Stück. Die Decke besteht aus einem einzigen Lappen. Die ausgeschnittenen und ebenfalls gepressten und aufgeklebten Ornamente sind aus Birkenporling (Piptoporus betulinuus) hergestellt und werden mit einem Gemisch aus Knochenleim und Roggenmehl kunstvoll aufgeklebt.
Übrigens: Die größte künstlich hergestellte Decke mit vielen aufgesetzten Ornamenten war ein Meisterstück aus dem Jahr 1956 von einer damaligen Mitarbeiterin. Die gesamte Decke war 126 cm x 69 cm groß (!) und aus einem Stück gefertigt. Derartige Arbeiten solchen Ausmaßes sind nur mit einem ganz besonderen Zunder möglich und bedürfen einer Menge Erfahrung.

Zum Teil schon über 100 Jahre alte Werkzeuge zur Zunderbearbeitung aus Rumänien. Geschnitten wird dort der Zunder mit den sogenannten Sichelmessern (rechts im Bild). Darunter ein Stück Birkenporling, das zum Schärfen der Messerschneiden als Abziehstein benutzt wird. Quer ist die eigens konstruierte Spannhalterung zum Halten der Lappen beim Bearbeiten zu erkennen. Der Knieschutz beim Ziehen war ein alter Autoreifen. Links sind verschiedene Stanzeisen, die noch vom Urgroßvater stammen sollen, sichtbar. Der Holzschlägel (Bildmitte) zeigt, dass nur wenig geklopft wird, denn zum Schlichten der Flächen wie es bei uns typisch ist, eignet sich dieser nicht.

Die Spannvorrichtung in der Mitte wird auch zum Schäften gebraucht. Wenn Zunderlappen miteinander verbunden werden sollen, werden diese auf der Fläche festgespannt und mit einem Korundschleifstein scharf angeschliffen und wie bei allen Verbindungen mit dem Leimgemisch (was jeder Zundermacher nach eigenem geheimen Rezept herstellt) eingestrichen und mit einem heißen Bügeleisen unter Druck verleimt. Das ist eine saubere Verbindung, die jedoch nicht wasserfest ist.

Bei Verbindungen, die im Trockenen bleiben, ist es ausreichend, aber bei den Mützen kann ich es nicht für gut befinden.

Noch einige Arbeiten aus dem Programm von Mathe Karoly - die üblichen Mützen oder Kappen. Der Zunder dazu wird im feuchten Zustand über einen Holzklotz gespannt und mit Bindeschnur festgezurrt. Dieses Holzmodell ist auf dem unteren Bild auf Seite 32 zu sehen. Es dient auch als Klopfunterlage und Fußstütze. Hier wird noch wie in uralten Zeiten gearbeitet!
Die Ornamente aus Zunder sind genau wie die umlaufenden Blätter in Holzmodellen feucht und heiß gepresst und in Eichen Lohe gefärbt, alles biologisch und natürlich!

In Deutschland wurde vor über 300 Jahren schon Zunder verarbeitet, jedoch überwiegend zum Feuer machen (Feuerzunder). Die »Bearbeitungszentren« befanden sich meist in buchenreichen Höhenlagen von über 800 m, weil dort viele Zunderschwämme zu finden sind. Es sind beispielsweise die Gegenden um den Thüringer Wald in Neustadt am Rennsteig oder im gesamten Gebiet des heutigen Nationalparks Bayrischer Wald. Auch in Gegenden rund um Ulm, im Schwarzwald, an der Ost- und Nordseeküste, im Rothaargebirge oder im Sauerland wurde nachweislich Zunder verarbeitet.

Überall wurde Feuerzunder gebraucht und er durfte damals in keinem Haushalt fehlen. Aus dieser Notwendigkeit heraus wurden die Wälder zur damaligen Zeit beinahe ausgeplündert. Schon bald wurde der Schwamm in den Wäldern rar und reichte nicht mehr aus. Die findigen Zundermacher von damals – sie hatten teilweise regelrechte Fabriken gegründet – waren gezwungen, den Schwamm von weit her heran zu transportieren. Ferne Länder, hauptsächlich Skandinavien, Kroatien, Ungarn, Böhmen oder die Ukraine, dienten als Lieferanten.

Diese Transporte verteuerten den fertigen Zunder jedoch erheblich. Wenn man bedenkt, dass im Jahr 1842, als die Zunderproduktion zum Beispiel in Neustadt am Rennsteig ihren Höhepunkt erreicht hatte, 430 Zentner Feuerschwamm verarbeitet wurden, kann man sich vorstellen, dass Zunder in den heimischen Wäldern knapp wurde.

Seit ca. 1700 trug die Zunderschwammherstellung wesentlich zum Lebensunterhalt der Menschen bei, bis um 1850 die ersten Phosphorzündhölzer aufkamen. Ab diesem Moment verlor die Zunderschwammherstellung zunehmend an Bedeutung, doch dazu später mehr.

Einige wenige Unentwegte konnten sich nicht von der alten Zunft trennen, da man meinte, eine Pfeife schmecke mit Zunderschwamm angebrannt einfach besser! Zunehmend verlagerte sich der Schwerpunkt der Verarbeitung auf den Wundschwamm, der in Apotheken und bei Operationen zu dieser Zeit noch benötigt worden war und, wie neuerdings bekannt wurde, in der jetzigen Zeit wiederentdeckt wird. Für die Akupunktur soll der Zunder auch eingesetzt werden. Die Fliegenangler interessieren sich – das ist nicht neu –

ebenfalls für den Schwamm zum Trocknen der Köderfliegen beim Fischen mit der künstlichen Fliege. Auch in der Medizin soll Pulver vom Zunderschwamm in Kapseln abgefüllt verschiedenen Magen- und Darmleiden Abhilfe schaffen und somit wieder aktuell sein!
Nach dem 1. Weltkrieg gab es in Neustadt noch zehn Schwammklopfer, die jedoch durch die Zündholzfertigung ums Überleben kämpfen mussten. Sie verarbeiteten weiterhin Zunder, um auch in diesen Notzeiten mit dem Material ihren Pfeifentabak zu strecken!

Außergewöhnliche Zunderschwammwuchsformen.

Ein besonderer Zunderschwamm mit ungewöhnlicher Form. Auf den ersten Blick ist nicht zu erkennen, wo oben und unten ist.

Außergewöhnlich an diesem alten Buchenstamm ist die beachtliche Zahl. Nicht gerade die besten Ausführungen, viele Rillen und sowieso schon zu alt.

Geotropischer Wuchs durch die Stammlagerung entstanden. Es ist ein Wunder, wie die Natur derartige Gebilde zustande bringt.

Mehrfach verdrehtes Wachstum, der sogenannte Geotropische Wuchs oder Geotropismus genannt.

Als erster und meist kleinerer Zunderschwamm wächst dieser am stehenden Stamm mit den Röhren senkrecht nach unten.

Nach Umstürzen des Baumes ändert sich die Lage des Stammes. Bildet er einen neuen Fruchtkörper aus, wächst dieser wiederum senkrecht mit dem Röhrenfutter nach unten – nur liegt dieser dann meist winklig zum ersten. So können sich im Laufe der Jahre mehrere neue Schwämme bilden, wenn der Stamm dazu noch an einem Berg liegt und sich seine Lage durch Herabrollen verändert, können weitere Schwämme mit unterschiedlichen Richtungen entstehen. Das Röhrenfutter wächst dabei stets nach unten, um die Sporen ungehindert abwerfen zu können. Diese Wuchsformen sind für eine weitere Bearbeitungen der Regel nicht geeignet.

Für dekorative Gestaltungen und Schmuckelemente sind sie jedoch oft begehrt. Auf Wandplatten montiert, vordem getrocknet und imprägniert, bleiben diese Schwämme immer Unikate.

Eigenartiger Wuchs, immer wieder Unikate, jeder Schwamm ist einzigartig im Aufbau und je nach Standort verschieden schön.

Auf einen Blick ist nicht zu erkennen, was oben oder unten ist!

Die Geotropische Wuchsform ist immer wieder faszinierend, und in der Gestaltung immer wieder ein Einzelkunstwerk.

Unterschiedliche Fruchtkörperbildung an einem Buchenstamm.

Ein sehr schöner Zunderschwamm mit wenigen Rillen und von außen erkennbar mit einer guten Tramaschicht, wie am nächsten Bild erkennbar. Leider sind derartige Schwämme selten zu finden.

Zunderschwämme überall und reichlich, aber nicht zu gebrauchen in einer feuchten Senke, auch an Buche-Stammabschnitten.

Zunderschwämme an einem toten Buchenstamm.

Dieser rotrandige Baumschwamm ist von Fichtenzweigen durchwachsen. Beides zusammen entwickelt sich weiter.

Zunderschwämme in unerreichbarer Höhe und an geschützten Orten, wie hier im Nationalpark Bayrischer Wald, darf man nur bewundern!

Ein unüblicher Anblick: Eine alte Weide mit beachtlichen, noch im Wachstum befindlichen Zunderschwämmen. Der größte ist 32 cm breit. Die oben zum Teil nicht sichtbaren sind ca. 25 bis 30 cm breit. Der Zuwachsrand dieses Jahres ist deutlich erkennbar und sehr schön gewachsen, jedoch mit sehr aufwerfenden Rillen. Die Schwämme sind nach Aussage des Besitzers ca. 8 Jahre alt und sollen teilweise vorerst erhalten und beobachtet werden! Der Stamm wird bald absterben.

Der größte Zunderschwamm an der vorher abgebildeten Weide ist 32 cm breit. An dem Schwamm wurden Proben der Kruste entnommen. In Kalilauge wurde überprüft, ob es sich tatsächlich um Zunderschwamm handelt, was tatsächlich der Fall ist!

Zwei Exemplare wurden zur Untersuchung entnommen. Im Januar 2015 wurde mit der Weiterbehandlung begonnen. Was sich hier zeigte, wurde so in der Zunderliteratur wohl noch nie beschrieben und birgt damit ganz neue Erkenntnisse. Zum einen hatte der Zunderschwamm eine beinahe steinharte Kruste, obwohl er in nassem und feuchtem Zustand geerntet wurde. Nur mit großer Mühe und Kraftaufwendung konnte die Kruste mit dem Hohlstecheisen entfernt werden. Als die Anwachsseite freigelegt war, wurde der Gesamtaufbau deutlich und bot einen noch nie in der Literatur beschriebenen Fruchtkörperaufbau.

Der Zunderschwamm in dieser Größe zeigte einen etwa pflaumengroßen Micelialkern, was ungewöhnlich ist und einen Röhrenaufbau bis zum oberen Rand bei einer Tramaschicht von maximal 7 mm Stärke. Sie verläuft um den gesamten Fruchtkörper herum. Dieser war durch die tiefliegenden Rillen noch unterbrochen, sodass eine Verwendung der ohnehin dünnen Schicht unmöglich war. Was vordem von außen sehr schön aussah und niemals für möglich gehalten wurde, war am Ende eine große Enttäuschung, aber eine Bereicherung der Erfahrungen. Es kann als sicher gelten, dass an Weide gewachsener Zunder nicht verwendbar ist.

Zunderschwamm mit einer Tramaschicht von max. 7 mm, einem sehr kleinen Micelialkern von nur 35 mm und einer Röhrenschicht bis unter die Anwachsstelle. Dieser Schwamm ist unbrauchbar!

Das Bearbeiten der Zunderschwämme.

Sind die Schwämme nach dem Abtrennen vom Stamm nach Hause gebracht, folgt jetzt der erste Schritt eines langwierigen Prozesses.
Die erste Arbeit ist die Säuberung der Schwämme von den noch anhaftenden Baumrückständen. Das ge-

schieht am besten, wenn die Anwachsseite glatt, zum Beispiel mit der Bandsäge abgesägt wird. Steht diese nicht zur Verfügung, sollte es mit einem stabilen und scharfen Messer probiert werden, was natürlich beschwerlicher ist.

Geerntete, an Buche gewachsene Zunderschwämme, direkt nach dem Abtrennen vom Baum. Alle Rückstände müssen vor der weiteren Bearbeitung entfernt werden. Bei dieser Ernte wurde auch ein sehr verwachsener Zunder gefunden (links oben), welcher als dekorativer Schmuck weiter bearbeitet werden soll.
Die größten Schwämme sind von einer liegenden, sehr alten Buche genommen und sehen entsprechend rillig und alt aus.

Zur Weiterverarbeitung ist es unbedingt erforderlich, den Zunder einzuweichen. Bei der weiteren Bearbeitung des Porlings zeigte sich, dass eine Erweichung zum Klopfen sehr langwierig ist. Das heißt, die Zeit des Einweichens und Kochens musste sehr lange dauern. Als erstes wird die Röhrenschicht etwa 1 bis 2 cm mit den gleichen Werkzeugen von der unteren Seite entfernt.

Bild von an Birke gewachsenen Zunderschwämmen. Die Schwämme sehen glatter aus, sind etwas kleiner, jedoch bei der weiteren Bearbeitung leichter zu behandeln.

Wenn nur Feuerzunder entstehen soll, wird anders verfahren, doch dazu später mehr.

Die geernteten Schwämme sollten auf keinen Fall austrocknen, deshalb ist eine Bearbeitung nach der Ernte möglichst sofort zu beginnen. In dieser Phase ist die richtige Feuchte vorhanden, die bei der Bearbeitung erforderlich ist. Sind die Schwämme zu trocken, lässt sich die Kruste nur sehr schwer entfernen.

Sind die Schwämme zu feucht oder gar nass, ist die Bearbeitung ebenfalls erschwert, weil der ganze Fruchtkörper bei jeder Bewegung der Werkzeuge zu sehr nachgibt. Der ideale Feuchtegehalt zur Erntezeit liegt bei 20% bis 27% und ist der beste Zustand zur Bearbeitung. Ist eine sofortige Weiterbearbeitung nach der Ernte jedoch nicht möglich, sollten die Schwämme in einem Gefäß mit Deckel aufbewahrt werden. Am besten ist eine Holzkiste an einem feuchten Ort, zusätzlich bedeckt mit feuchten Tüchern, um zusätzliche Feuchtigkeit zu gewährleisten. Sollten die Schwämme dabei etwas Schimmel ansetzen, ist das nicht besonders tragisch und hat an diesem Punkt der Bearbeitung keinen wertmindernden oder gar schädlichen Einfluss auf die Qualität. Der eventuell entstandene Schimmelbelag kann abgewischt werden. Man sollte aber auf keinen Fall diese Rückstände einatmen. Ratsam ist, die Hände anschließend zu waschen.

Für unsere Vorfahren war der Schimmel eine stetige Gefahr. In alten Schriften ist häufig auftretendes Lungenleiden, verbunden mit Husten, häufig ein Thema. Der Schimmel war dafür wohl die Ursache! Anfangs bekamen viele Arbeiter Lungenleiden und keiner wusste wovon!

Ein Holzfeuchtemessgerät ist sinnvoll, um bei bestimmtem Bearbeiten den Feuchtigkeitsgehalt bestimmen zu können.

Ideal, wenn sie zur Verfügung steht, ist eine Bandsäge, um die Zunderschwämme hinten an der Anwachsseite zu begradigen und auch unten von der Röhrenunterseite je nach Gefühl etwa 1 bis 2 cm abzutrennen.
Nicht ganz ungefährlich, aber sehr sinnvoll, da von hinten als auch von unten die bestehende Tramaschicht genau zu erkennen ist. Die untere Tramaschicht ist in den meisten Fällen so dünn, dass bei der weiteren Bearbeitung vorsichtig verfahren werden muss, um sie nicht zu zerstören.

Das Entfernen der Außenkruste.

Der nächste Arbeitsgang bei der Schmuckzunderherstellung ist nicht ganz ungefährlich und eine der schwersten und schwierigsten Arbeiten bei der Zunderbearbeitung.
Hierzu sind verschiedene Möglichkeiten und auch unterschiedliche Werkzeuge möglich bzw. erforderlich. Ich möchte hierzu die meiner Meinung nach wichtigsten Werkzeuge zeigen, wie ich sie selbst zur Entfernung der Außenkruste verwende. Da steht an erster

Stelle ein stabiles scharfes Messer. Weiterhin sind sogenannte Hohlschnitzeisen in verschiedenen Größen sehr nützlich, um die Vertiefungen zwischen den Rillen auszustechen. Ganz wichtig ist, dass alle Scheidewerkzeuge unbedingt eine sehr gute Schärfe haben, schließlich lautet eine alte Regel, dass man sich mit stumpfen Werkzeugen viel leichter verletzt als mit scharfen.

Als sehr praktisch und vor allem leistungsfähig erweist sich zudem ein Hand-Flex-Schleifer mit Korundfächer und Schleifpapier mit einer 40er-Körnung. Feiner sollte die Schleifscheibe nicht gewählt werden, da sich diese sonst schnell zusetzt, nicht mehr schleift, sondern nur noch brennt. Die Kruste wird dabei zu Staub und ist somit nicht mehr verwendbar.

Mit dem Flex-Schleifer habe ich die besten Erfolge erzielt. Mit diesem Gerät wird auch eine große Arbeitserleichterung erreicht.

Die Schleifarbeiten sollten nach Möglichkeit nur im Freien ausgeführt werden, da sehr viel Staub anfällt. Eine vollkommen intensive Entfernung der Außenschicht ist sehr wichtig, eventuell noch übrig bleibende Rückstände erweisen sich später beim Klopfen als sehr unschöne Stellen in der Tramaschicht bzw. der Fläche und können außerdem beim Klopfen den Lappen an diesen Stellen reißen lassen. Besonders zwischen den Rillen in den Vertiefungen bringen Reste der Kruste später viel Ärger.

Ein für die Zunderbearbeitung bis jetzt noch unübliches Gerät sind die Flex-Schleifmaschine und eine Klemmzwinge, um damit den Zunderschwamm auf der Arbeitsfläche zu fixieren.

Es ist nicht immer möglich, den Schwamm festzuspannen, hier kommt nur ein Halten von Hand in Frage.

Der obere Teil des Fruchtkörpers besteht nur aus Trama, dieser sollte abgetrennt werden, etwa in Höhe des Knicks, um einen ordentlichen Lappen daraus zu bekommen.

Mit diesem Arbeitsgang ist bis dahin der erste Teil der schwierigsten Arbeiten beendet. An dieser Stelle soll nochmals daran erinnert werden, dass auch zu diesem Zeitpunkt die bearbeiteten Schwämme nicht austrocknen dürfen. Deshalb sollten sie nach dem Beenden des genannten Arbeitsschrittes wieder im bedeckten Gefäß aufbewahrt werden. Wenn zwischendurch die Feuchtigkeit zurückgeht, kann ein feuchter Lappen Abhilfe schaffen.

Der obere größte Fruchtkörper hat feinen Wurmbefall, der vorher nicht zu erkennen war. Damit ist der Fruchtkörper eigentlich als Schmuckzunder nicht weiter verwendbar. Es kann nur Feuerzunder daraus entstehen. Die Aufnahme entstand noch nach alter Arbeitsweise mit Messer und Hohleisen!
Hinweis: Schwämme, die an der Unterseite der Röhren nicht mehr frisch und hell aussehen, sollten am Baum verbleiben. Zum Sporenabwurf sind sie noch nützlich, zur Weiterverarbeitung hingegen nicht.

Das Entfernen der Röhrenschicht.

Wie bereits erwähnt, ist Voraussetzung, dass die erforderliche Feuchtigkeit noch vorhanden ist. Wenn die Schwämme etwas Schimmel angesetzt haben, muss dieser jetzt entfernt werden, bevor weitergearbeitet wird. Der Schimmelbelag wird einfach abgewischt, dabei sollte der eventuell entstehende Abfall nicht eingeatmet werden und anschließend die Hände gewaschen werden.

Eine Möglichkeit, die Röhrenschicht zu entfernen, ist das Messer. Das geht aber denkbar schlecht, weil damit nicht alle Vertiefungen und Rundungen erfasst werden. Eine andere Möglichkeit ist das Ausschneiden mit den verschiedenen Hohleisen und mit dem sogenannten Löffelschnitzmesser, womit sehr gut alle Ecken und Vertiefungen erreicht werden können. Es ist sehr mühsam und kraftaufwendig, die Röhrenschicht mit den genannten Werkzeugen zu entfernen. Ich habe mir deshalb etwas anderes ausgedacht und probiert, um diese Arbeit zu erleichtern. Allerdings ist hier eine gewisse Technik erforderlich. Eine Ständerbohrmaschine ist dabei am besten geeignet. Steht eine solche nicht zur Verfügung, ist eine elektrische Handbohrmaschine auch als Alternative verwendbar. Sie sollte jedoch nicht größer als für 12 mm Bohrerspannung sein, sonst ist die Maschine zu schwer und zu unhandlich. Besser ist ein Akkubohrschrauber, der wegen des fehlenden Kabels etwas handlicher ist.

Zuerst soll näher auf die Bearbeitung mit der Ständerbohrmaschine eingegangen werden. Zunächst wird diese mit einem Forstnerbohrer von 30 mm Durchmesser versehen, welcher im Übrigen auch bei den Handbohrmaschinen zum Einsatz kommen kann.

Wird der Bohrer von oben eingesetzt, ist besser zu erkennen, wo und wie tief gebohrt werden soll. Mit der linken Hand wird der Schwamm gut festgehalten, sodass mit der rechten Hand gefühlvoll von innen (hier ist die Anwachsseite gemeint) nach außen auf der Röhrenunterseite gebohrt werden kann (für Rechtshänder angenommen).

Die Bohrtiefe ist variabel und nach Augenmaß festzulegen. Man muss erkennen, wie tief man bohrt, um die Tramaschicht nicht zu beschädigen! Wenn das grobe Material entfernt ist, wird der Schwamm mit beiden Händen gehalten und von unten mit kreisenden Bewe-

gungen gegen den Bohrer geführt. Dabei können die noch stehengebliebenen Röhrenreste fast vollständig entfernt werden.
Beide Arme sollten dabei fest aufliegen, um den Pilz richtig festhalten zu können. Diese Arbeit klingt gefährlicher, als sie ist, wenn man es richtig anstellt. Ich habe dabei weniger Verletzungen gehabt, als beim Umgang mit Messer oder Schnitzeisen. Hierzu noch ein Tipp: Man sollte immer mit den Schneidewerkzeugen von sich weg arbeiten, niemals gegen die Finger oder den Körper.

Im folgenden Abschnitt wird auf die Bearbeitung mit der Handbohrmaschine eingegangen. Hier ist mehr Kraft zum Halten des Werkzeuges nötig. Auch sollte dabei der Schwamm mit der Klemmzwinge oder anderweitig fixiert werden, um beide Hände zum Bohren frei zu haben. Wichtig ist bei all diesen Bohrarbeiten, das richtige Bohrwerkzeug zu verwenden. Es muss ein Forstnerbohrer mit geschlossenem Vorschneider sein. Ein Bohrer mit unterbrochenem Vorschneider ist nicht zu empfehlen, da dieser sehr leicht wegreißt. Auf alle Fälle ist das vorherige Entfernen wenigstens des groben Materials eine große Erleichterung. Gewiss ist früher diese Arbeit nicht auf diese Weise durchgeführt worden, aber da stand diese Technik auch noch nicht zur Verfügung. Außerdem sollte man sie im Zeitalter der fortgeschrittenen Technik auch nutzen und einsetzen. Vor allem muss man, wie schon öfter angedeutet, probieren und testen.

Hier ist das Ausbohren auf der Ständerbohrmaschine gut zu erkennen. Der Forstnerbohrer schafft sehr gut die Röhrenschicht weg. Ein gefühlvolles Arbeiten ist notwendig, um die Tramaschicht nicht zu beschädigen.

All die bisher beschriebenen Arbeitsgänge sind nur notwendig, wenn jedes Stück vom Schwamm ausgenutzt und zu Schmuckzunder verarbeitet werden soll. Nur auf diese Weise besteht die Möglichkeit, später, nach dem Klopfen vom gesamten Schwamm ein entsprechend größeres Tramastück zu erhalten

Sehr deutlich sind die zwei unterschiedlichen Ausführungen von den Bohrwerkzeugen zu erkennen, links im Bild ein Forstnerbohrer mit geschlossenen, umlaufenden Vorschneidern, der viel ruhiger arbeitet als ein ebensolcher mit unterbrochenem Vorschneider.

Beim Arbeiten mit dem geschlossenen Vorschneider kann es sein, dass sich der Bohrer mit Spänen zusetzt, wenn der Schwamm zu feucht ist.
Deshalb sollte stets auf die Feuchte geachtet werden. Sind die Ausbohrarbeiten abgeschlossen, kann die Arbeit mit den Schneidwerkzeugen beginnen. Es ist anzunehmen, dass diese Arbeit nicht unmittelbar im Anschluss an den vorherigen Schritt erfolgt. Deshalb darf nicht versäumt werden, die ausgebohrten Schwämme wieder in einem Behälter aufzubewahren. Dabei können sie ruhig etwas feuchter werden. Um das zu erreichen, müssen die Schwammschalen extra noch mit einem nassen Tuch abgedeckt werden. Auch hierbei kommt es oft vor, dass sich weißer Schimmel bildet, welcher, wie schon erwähnt, den Schwämmen nicht schadet und einfach entfernt werden kann.

Um mit den verschiedenen Hohleisen und dem stabilen Messer gut arbeiten zu können, ist es besser, wenn die Schwämme etwas weicher sind, was durch die Erhöhung der Feuchte erreicht wird.
Hier nochmals die Erinnerung – scharfes Werkzeug verwenden! Mit den Hohleisen sollte man am Rand beginnen und dabei muss der Schwamm mit einer Hand festgehalten werden

Die verschiedenen Stecheisen, sogenannte Holzbildhauerwerkzeuge.
Oben: Löffelschnitzmesser in zwei unterschiedlichen Größen. Unten: Hohleisen mit verschiedenen Rundungen. Der Zunderschwamm ist bereits fertig ausgearbeitet.

Mit dem Löffelschnitzmesser lassen sich die letzten Reste des Futters entfernen, bis am Ende nur noch die Tramaschicht übrig bleibt. Wenn alles soweit ausgeputzt ist, wird mit dem Hohleisen und zuletzt mit dem kleinsten Löffelmesser der Micelialkern ausgeschnitten.

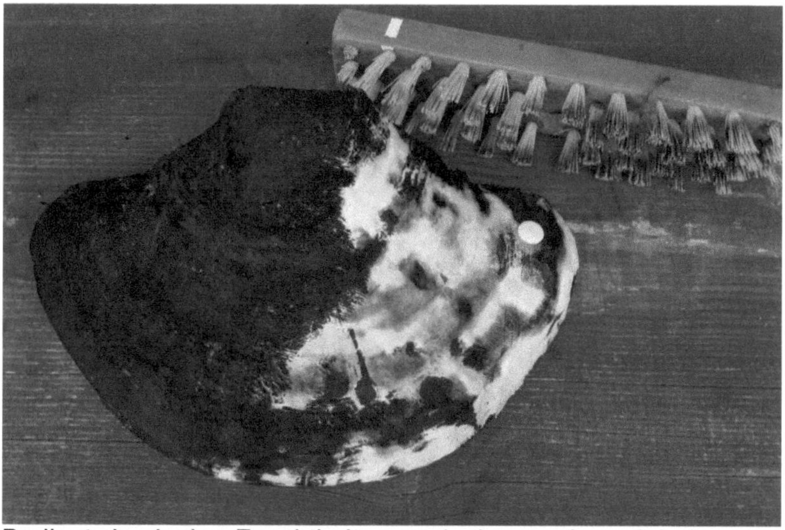

Bedingt durch das Feuchthalten nach dem vorigen Arbeitsgang, ist dieser Schwamm mit Schimmel befallen. Er ist bereits zur Hälfte von dem Schimmelbefall mit einer Wurzelbürste gesäubert. Die weiße Marke rechts dient der Erkennung, dass der Schwamm an Buche gewachsen ist. So sind Verwechslungen beim Einweichen ausgeschlossen.

Auf beiden Bildern ist zu erkennen, wie der Schwamm vor und nach dem letzten Arbeitsgang aussehen soll.

Das Einweichen und anschließende Kochen.

Wenn die vorherigen schwierigsten Arbeiten beendet sind, werden die ausgeschnitzten und gesäuberten Tramareste in klarem Wasser eingeweicht. Anfangs sollte es heißes Wasser sein. Da die Schwämme leicht aufschwimmen, muss mit einem Gewicht, zum Beispiel einem Stein, dafür gesorgt werden, dass immer Wasser darüber steht. Es muss auf jeden Fall ein rostfreies Gefäß sein, am besten ein Plastikeimer mit einem Deckel.

In diesem Zustand verbleiben die Schwämme jetzt mindestens vier Wochen an einem nicht zu kühlen Ort. Das mag jetzt manchen zu lange vorkommen! Es kommt hierbei auf die Art der Zunderschwämme an. Solche, die an Buche gewachsen sind, brauchen diese

Zeit, um weich genug zum Klopfen zu werden. Ich habe schon Zunderschwämme eingeweicht, die an alten Bruchbuchen gewachsen sind und selbst nach acht Wochen nicht ausreichend weich waren!
In dieser langen Zeit wird natürlich das Einweichwasser faul und beginnt unangenehm zu riechen. Es muss also von Zeit zu Zeit erneuert werden. Das Erkennen des richtigen Weichegrades ist Erfahrungssache. Ein richtig eingeweichter Zunderschwamm ist vergleichbar mit einem biegbaren Gummi. Mit der mindestens vierwöchigen Einweichzeit ist jedoch der Weichungsprozess noch immer nicht abgeschlossen. Anschließend werden die Schwämme erneut in ein nicht rostendes Gefäß mit Beschwerung unter Wasser eingelegt und wieder je nach Schwammart mindestens zwei Stunden gekocht. Sind es wiederum Buchenschwämme, kann die Kochzeit durchaus drei bis vier Stunden andauern.
Es bedarf wohl keines Hinweises, dass die Koch- oder Dämpfvorgänge im Freien durchgeführt werden sollten. Eine elektrische Kochplatte leistet dabei gute Dienste. Eine ganz genaue Kochzeit kann man nicht vorhersagen, das muss von Fall zu Fall oder von Schwamm zu Schwamm entschieden werden. Überhaupt legt der Schwamm diesen Weichungsprozess fest. Es bedarf einer gewissen Erfahrung und vielen Versuchen, bis man eindeutig sieht, ob man es mit einem weichen und gut zu bearbeitenden Schwamm oder mit einem harten und zähen zu tun hat. Schon bei der Ernte im Wald kann man nach langer Zeit des Erfahrung Sammelns bestimmen, ob der Schwamm gut oder weniger gut für die Verwendung zu Schmuckzunder ist. Für die Verwendung zu Feuerzunder ist er meistens zu gebrauchen.

Das Dämpfen als Alternative zum Kochen.

Von manchen Zundermachern, zum Beispiel in Rumänien, wird auch das Dämpfen der Tramalappen angewendet.
Hier wird ein großes, nicht rostendes Gefäß gebraucht, was mit einem durchbrochenen Zwischenboden von mindestens 5 cm Abstand, (je nach Größe des Gefäßes) vom Grund ausgestattet sein muss. Ein stabiles Drahtgitter mit Abstandhaltern ist geeignet. In diesen Zwischenraum wird Wasser einfüllt, was zum Kochen gebracht wird, wodurch Dampf entsteht. Diese Methode stammt aus Rumänien, wird dort jedoch nur vereinzelt angewendet. Die Dämpfzeit ist die gleiche wie beim Kochen. Ich selbst habe es praktiziert und dabei keine Unterschiede feststellen können. Das einzig Positive ist, dass die Schwämme danach nicht so voll Wasser gesaugt sind wie beim Kochen. Die beiden Methoden sind bei Zunder aus anderen Regionen, zum Beispiel nordischem oder rumänischem, nur in Einzelfällen erforderlich. Auch ein langes Klopfen ist nur bedingt erforderlich. Weit wichtiger ist das Ziehen des Schwammes, was übrigens verstanden sein muss und auch Kraft und Gefühl voraussetzt. Das Beibehalten der Feuchtigkeit nach der Ernte und ein besonnenes, feuchthaltendes Lagern ist das wichtigste und kann das Kochen und Einweichen zum Teil ersetzen.
Eventuell entstehender Schimmel wird einfach entfernt. Sicher gibt es hierzu gegenteilige Ansichten. Ich habe es bei den Zunderleuten in Corund selbst gesehen und erlebt.
Durch das wenige Klopfen und viele Ziehen werden die Poren im Schwamm nicht so verdichtet wie beim Klopfen. Die gezogenen Tramalappen sind am Ende weicher und geschmeidiger. Die auf diese Art hergestellten Zunderlappen erreichen viel größere Flächen

und sind für die Anfertigung von Kleidungsstücken der verschiedensten Art geeignet. Mit dem uns zur Verfügung stehenden Zunder ist das leider nur in einzelnen Fällen möglich.
Ein Zunder, der zu Gegenständen wie Schalen, Dosen Bilderrahmen und allen anderen möglichen Dingen verarbeitet werden soll, darf dagegen nicht ganz so weich und dehnbar sein.
Schon bei der Ernte muss klar sein, was aus dem Schwamm entstehen soll, und dementsprechend wird die weitere Behandlung eingeleitet.

Das Klopfen des Zunders nach dem Kochen.

Nachdem der Schwamm gekocht wurde, wird das Wasser abgegossen und das gekochte Material wenigstens eine Stunde zum Abkühlen stehen gelassen. Danach werden die Tramastücke mit der Unterseite auf eine feste Unterlage gelegt und von oben geklopft. Ein Holzblock oder Hackklotz ist dabei als Unterlage zu wählen. Ein Baumstamm als Amboss geht ebenso, sollte aber aus Hartholz sein und eine glatte Hirnfläche haben. Eichenholz sollte wegen der Gerbsäure, die den Zunder verfärben kann, nicht verwendet werden.
Zum Klopfen der Zunderlappen wird ein Holzschlägel benötigt, etwa in einer Größe von 60 x 70 mm Fläche. Auch ein Schlichtschlägel mit einer Größe von ca. 60 x 150 mm Fläche. Mit diesen Schlagwerkzeugen lassen sich die Lappen gut zertreiben und die Unebenheiten in der Stärke der Lappen egalisieren. Die Holzschlägel können selbst hergestellt werden und sollten aus Buchenholz bestehen.

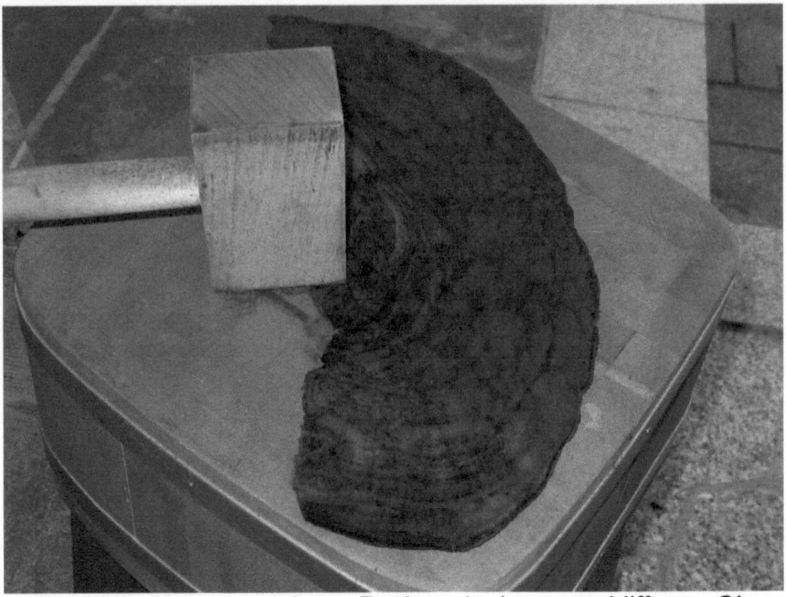

Holzhackstock aus verleimter Buche mit einer geschliffenen Oberfläche und festem, stabilen Ständer.

Mit Holzschlägeln in verschiedenen Größen wird von der Außenkante nach innen hin geklopft. Das Schlagen sollte entsprechend der Weichheit und der Gesamtbeschaffenheit des Schwammes geschehen. Ein zu starkes Treiben ist nicht sinnvoll. Es sollte immer nach der Devise »Gut Ding will Weile haben« gearbeitet werden. Wenn es erforderlich ist, kann der Schwamm auch einmal von der unteren Seite bearbeitet werden. Zum Teil kommt es vor, dass sich stehengebliebene Reste vom Futter und einer natürlichen Verdickung beim Klopfen ablösen. Diese werden mit einem scharfen Messer abgetrennt. Die Stücke sollten nicht weggeworfen werden, sondern aufgehoben und getrocknet werden. Es ergibt später noch Feuerzunder!
Eine weitere Auffälligkeit ist, dass bei besonders großen Schwämmen am Übergang vom Bereich unter

dem Micelialkern hin zur Fläche eine zu dicke Wulst entsteht. Diese Wulst muss mit dem Messer entfernt werden und wird als Einzelstück weiter ausgeklopft. Dieses Stück ergibt meist einen sehr schön gemusterten schmalen Lappen.
Bis ein Lappen genügend ausgeklopft und gewalzt ist, kann es durchaus bis zu einer Stunde dauern. Auch diese Arbeit sollte nach Möglichkeit im Freien durchgeführt werden, da eventuell in der Nähe befindliche Wände oder Gegenstände durch das Klopfen beschmutzt werden können. Zudem sammelt sich besonders beim Walzen eine Pfütze an, die draußen leichter zu entfernen ist.
Wenn die gewünschte Dicke und Größe erreicht ist, muss eventuell durch Ziehen des Lappens die Feuchtigkeit – soweit noch vorhanden – ausgepresst oder ausgewalkt werden. Zum Schlichten der Fläche und zum Trocknen tut eine umfunktionierte Wäschemangel sehr gute Dienste, denn mit deren Gummiwalzen wird der Lappen sehr gut trocken und glatt und kann dabei auch noch gezogen werden.
Die verschiedenen Schwämme ergeben ungleich große Zunderlappen, die manchmal zufriedenstellen, oft aber auch nicht. Mit den Ergebnissen aus Zunder nördlicher Regionen sind diese freilich nicht vergleichbar.
Bei der Bearbeitung fallen oft kleinere Stücke an, die durch das Klopfen abgetrennt werden. Vorerst nicht zu gebrauchen, ergeben sie gutes Material zur weiteren Behandlung als Feuerzunder.

Umfunktionierte alte Wäschemangel, die sich hervorragend zum Auswalzen und Trocknen der geklopften Zunderlappen eignet.

Für die Verwendung zu Schmuckzunder sollten die Lappen möglichst glatt und gleichmäßig in der Stärke sein. Dabei ist eine weiche Beschaffenheit für die Verarbeitung zu Schmuckzunder gar nicht unbedingt erwünscht. Die ausgewalzten Lappen werden zwischen Weichholzplatten unter Druck in einer Presse einige Tage getrocknet und sind damit für eine weitere Verwendung fertig. Wenn weiche Lappen gewünscht werden, dürfen die geklopften Lappen nicht gepresst werden und müssen nach dem Klopfen weiter gezogen und gewalkt werden und frei, am besten aufgehängt, trocknen.

Fertig geklopfter und gewalzter Tramalappen nach der aufwendigen Ausführung aller bis jetzt genannten Arbeitsgänge.

Feuerzunder aus Resten des Schmuckzunders.

Nach der Bearbeitung des Schwammes zu Schmuckzunder wird nun die Verarbeitung zu Feuerzunder erläutert. Wie bereits im Laufe der Arbeiten erwähnt, fallen beim Zunderklopfen häufig kleinere Reststücke an. Diese werden vorerst getrocknet und gesammelt, um anschließend als Feuerzunder Verwendung zu finden. Wenn ausreichend Material vorhanden ist, werden die Stücke in einer Salpeterlösung eingeweicht. Man sollte diese Behandlung gewissenhaft durchführen. Dazu ist zunächst erforderlich, dass der Zunder gewogen wird, um die korrekte Menge Salpeter zu berechnen.
In einem alten Kräuterbuch von Dr. Harald Othmar Lenz aus dem Jahr 1881 ist ein Mischungsverhältnis angegeben, was sich auch in anderen Schriften wiederfindet und bis in die heutige Zeit Bestand hat.

Auf 25 Pfund Zunderschwamm kommt demnach ein Pfund Salpeter in die Menge Wasser, die maximal erforderlich ist, um die Zunderschwämme zu bedecken. Da sicher nicht immer solche Mengen zur Verfügung stehen, ist die Mischung umzurechnen. Es werden dann für 500 g Zunderschwamm 20 g Salpeter benötigt und für 250 g Zunder etwa 10 g Salpeter.

Ein nicht rostendes Gefäß muss entsprechend der Zundermenge gewählt werden. Das Ganze sollte mindestens zehn Tage vollständig mit der Lösung bedeckt an einem warmen Ort stehen bleiben. Nach diesem Rezept gebeizt, nimmt der Zunder die Funken sehr gut auf.

Es ist stets das Verhältnis von 1 zu 25 zu rechnen.

Wird zu viel Salpeter zugesetzt, brennt der Zunder nach dem Funkenfang zu schnell ab. Wird zu wenig zugegeben, fängt der Zunder die Funken schwerer auf. Häufig wird die Meinung vertreten, dass auch unbehandelter Zunder zum Feuer machen geht. Das mag wohl zum Teil stimmen, ist aber auch in früherer Zeit nicht die Lösung gewesen! Ein behandelter Zunder wird zum Feuer machen immer das Beste bleiben. Wenn alles vorhanden ist, was zum Feuerschlagen benötigt wird, ist mit zwei bis drei Schlägen ein Glutnest sicher!

Tramastücke, die bei der Schmuckzunderbearbeitung anfielen und bei weiterer Behandlung noch zu gutem Feuerzunder werden können. Hier vorerst gesammelt und getrocknet.

Nach den zehn Tagen werden die in Salpeter gebeizten Zunderstücke aus der Lauge entnommen, nochmals, wenn nötig, dünn ausgeklopft und zum Trocknen auf einer Siebunterlage ausgebreitet. Damit ist der Feuerzunder aus diesem Material so weit fertig. Es kommt vor, dass einige Zunderstücke für die Verwendung zu Feuerzunder dennoch zu hart und nicht weich genug sind, um die Funken auffangen zu können. In diesem Fall ist eine Scheuertrommel eine ideale Lösung, um den Zunder samtweich zu trommeln. In einer Stunde Trommelzeit werden dem Material Stahlkugeln von 10 mm und 15 mm Durchmesser beigegeben. Danach ist ein brauchbarer weicher Zunder fertig. Steht eine solche Technik nicht zur Verfügung, ist der gleiche Effekt durch Walken und Dehnen erreichbar. Jedoch benötigt man dazu wesentlich mehr Zeit und

Kraft. Übrigens wird nicht nur künftiger Feuerzunder, sondern auch anderes Trama durch das Trommeln samtig weich.

Eine noch nicht übliche Technik bei der Zunderbearbeitung, die aber sehr gut zum Weichmachen des Zunders eingesetzt werden kann. Mit zwei Handvoll 10 mm bis 15 mm großen Stahlkugeln wird der Zunder in nur einer Stunde weich und geschmeidig.

Als Alternative zum Beizen des Zunders mit Salpeter kann auch Pottasche eingesetzt werden, die den gleichen Zweck erfüllt. Die Mischung ist genau wie bei Salpeter, wobei zu bedenken ist, dass Pottasche etwa dreimal so viel kostet wie Kaliumnitrat, bei dem 100 g etwa fünf Euro kosten.
Vorbei sind die Zeiten, in denen der eigene Urin eingesetzt wurde. Doch auch diese Methode hat denselben Effekt, ist jedoch etwas gewöhnungsbedürftig!

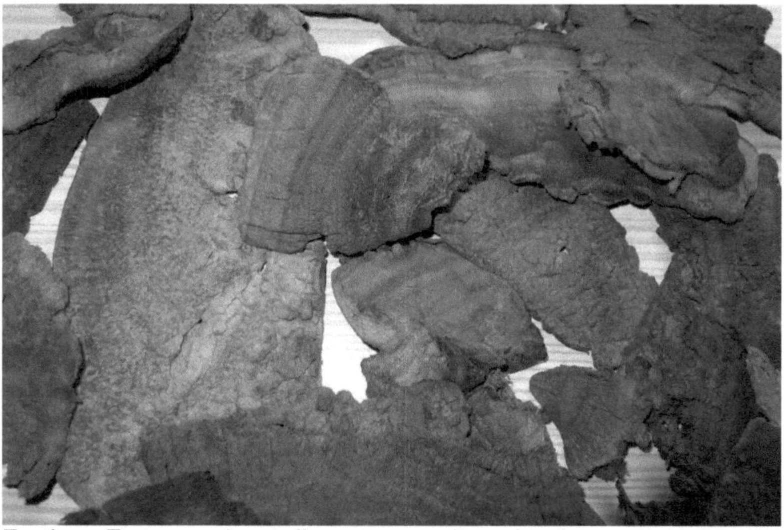

Fertiger Feuerzunder, teils getrommelt und teils normal gewalkt. Es ist kein Unterschied sichtbar, lediglich beim Fühlen stellt sich heraus, dass der getrommelte Zunder samtig weich ist.

Bei der Feuerzunderherstellung wurden früher ganz verschiedene Verfahren unter den einzelnen Schwammklopfern angewendet, daher ist eine einheitliche Fertigung nicht überliefert. Eigentlich ist über die damalige Zeit und die Bearbeitung fast nichts bekannt. Bei eigenen Nachforschungen der Zundermacherei stellte sich heraus, dass in jeder Gegend nach anderen Verfahren gearbeitet wurde. Gerade deshalb versuchen jetzt all diejenigen, die sich wieder an der Zundermacherei probieren wollen, durch eigenes Testen zum Erfolg zu gelangen.
Früher ging es in erster Linie darum, Feuerzunder herzustellen. Er wurde schlicht am meisten benötigt. An zweiter Stelle stand der medizinische Zunder, auch Wundschwamm genannt. Bei der Bearbeitung fielen daneben noch Räucherzunder, Zeichen- oder Radierschwammzunder an. Auch zum Reinigen von Objektivgläsern wurde weicher Zunder eingesetzt. Dieser

wurde jedoch nur regional hergestellt, je nachdem, wo die Qualität des Zunders besser war.

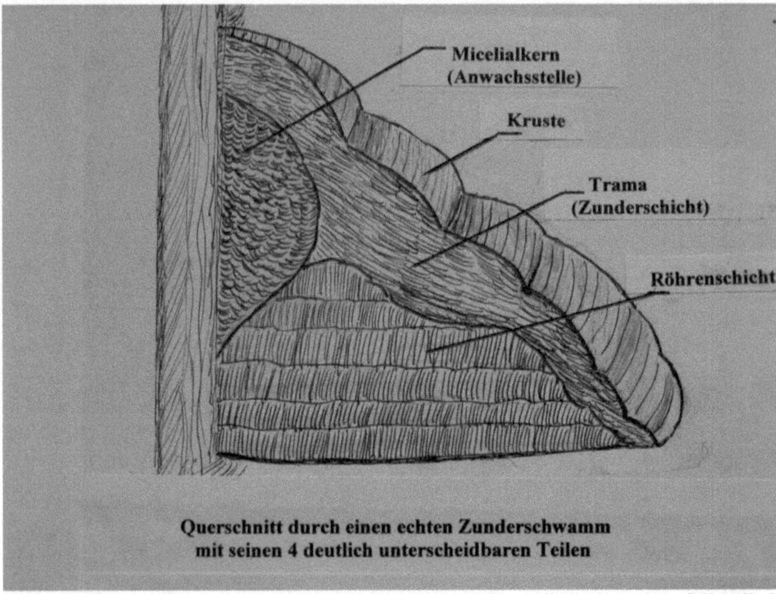

Der Aufbau eines Zunderschwammes: Deutlich ist der Micelialkern, die Anwachsstelle zu sehen, die für die Zunderbearbeitung jedoch nicht verwendbar ist. Für medizinische Zwecke in Tee- oder Pulverform ist er in bestimmten Behandlungen jedoch geeignet. Unten sieht man die Röhrenschicht, welche einen großen Teil des Fruchtkörpers einnimmt. Sie ist bei der Bearbeitung Abfall. Darüber liegt die eigentliche verwendbare Tramaschicht. Alles wird von der harten Außenschicht umschlossen.

Feuerzunder von außen abtrennen.

Die Zunderschwämme werden, wie eingangs beschrieben, geerntet. Es muss nur bedingt auf die Qualität geachtet werden, wichtig ist nur, dass die Schwämme gesund sind, d. h. keinen Wurmbefall haben.
Zuerst muss in jedem Fall die harte Außenkruste entfernt werden, zumindest zum großen Teil, damit beim anschließenden Einweichen das Wasser besser in den

Schwamm eindringen kann und dieser dadurch weich wird (etwa zwei bis drei Wochen Einweichzeit). Manche Zunderklopfer ziehen es vor, die Schwämme direkt nach der Ernte etwa ein bis zwei Stunden zu kochen. Sicherlich ist diese Methode möglich. Doch es ist nicht unbedingt empfehlenswert, weil dadurch auch der gesamte Abfall mitgekocht wird. Besser ist es, den Zunder erst zu bearbeiten und dann weichen zu lassen.
Der zur Verfügung stehende Zunder gibt nun eigentlich die weitere Behandlung von sich aus an. Sind gute, frische Schwämme vorhanden, kann die weitere Zeit des Weichens oder Kochens gesenkt werden oder sogar ganz entfallen, was in unseren Regionen jedoch eher selten ist. Bei älteren und trockneren Schwämmen muss sie dementsprechend gesteigert werden. Wird der Zunderschwamm etwa im Winter geerntet, ist der Schwamm in einem meist sehr feuchten Zustand, wodurch mit der Weiterbearbeitung gleich begonnen werden kann. Nach den Vorbehandlungen werden mit einem stabilen und scharfen Messer die eventuell noch stehengebliebenen Reste der Außenkruste abgeschnitzt. Mit einem Hohlstecheisen entfernt man die Vertiefungen in der Kruste, um danach Stück für Stück unterschiedlich große Teile von der darunter liegenden Tramaschicht abzuschneiden. Das macht man so lange, bis nur noch die Röhrenschicht übrig bleibt. Die Röhrenschicht ist Abfall und nur noch als Brennmaterial verwendbar. Bei diesem Arbeitsschritt ist wiederum der Zustand des Schwammes zu beachten. Ist der Schwamm glatt und gut im Bereich um den Micelialkern herum geformt, können dort meist die größten Teile der Tramaschicht herausgeschnitten werden. Sie ergeben die schönsten Lappen, eventuell für Schmuckzunder.
Die abgeschnittenen Tramateile werden nun zehn Tage in einer Salpeterlauge im bereits beschriebenen

Verhältnis 1:25 eingeweicht. Die Salpeterlauge ist ungefährlich und kann angefasst werden. Nach dieser Zeit entscheidet sich von selbst, ob der Schwamm noch gekocht werden muss oder ob gleich mit leichtem Klopfen und Walken begonnen werden kann. Wenn gekocht werden muss, genügt in den meisten Fällen eine Kochzeit von einer Stunde, da die Tramateile in der Regel klein, frisch und nicht sehr dick sind. Zum Kochen wird die Salpeterlauge, die zum Einweichen verwendet wurde, beigemischt.

Nach anschließendem Wasserabgießen und einer Abkühlzeit von etwa ein bis zwei Stunden kann geklopft, gezogen und gewalkt werden, je nach Erforderlichkeit. Die Zunderstücke werden danach auf einer Siebunterlage an der Luft, jedoch nicht in praller Sonne, langsam getrocknet. Im Winter geschieht dies schonend in der Nähe eines Heizkörpers oder Ofens. Feuerzunder muss in jedem Fall richtig trocken sein. Feuchter Zunder eignet sich nicht zum Funkenfangen. Deshalb soll die weitere Aufbewahrung ebenfalls an einem trockenen Ort geschehen.

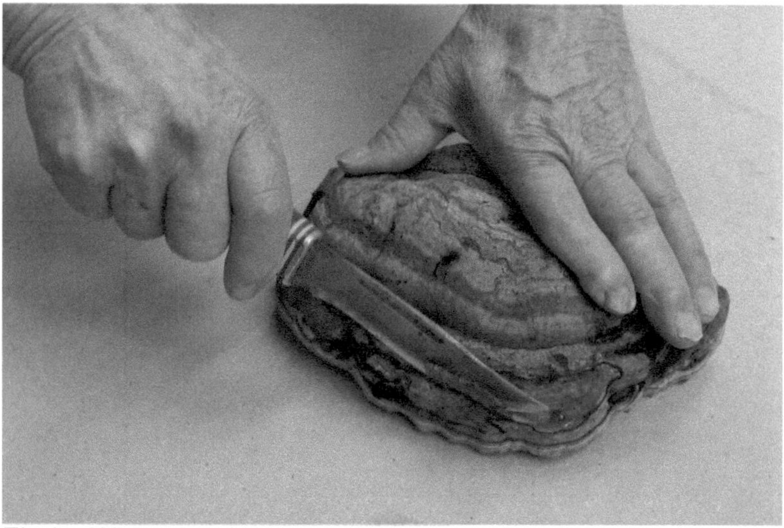

Ein im Winter bei feuchtem Wetter geernteter Zunderschwamm, der unmittelbar danach weiterverarbeitet werden kann. Mit dem Messer lässt sich in diesem Zustand die Kruste leicht entfernen.

Die Reste der Kruste werden mit dem Hohleisen ausgestochen.

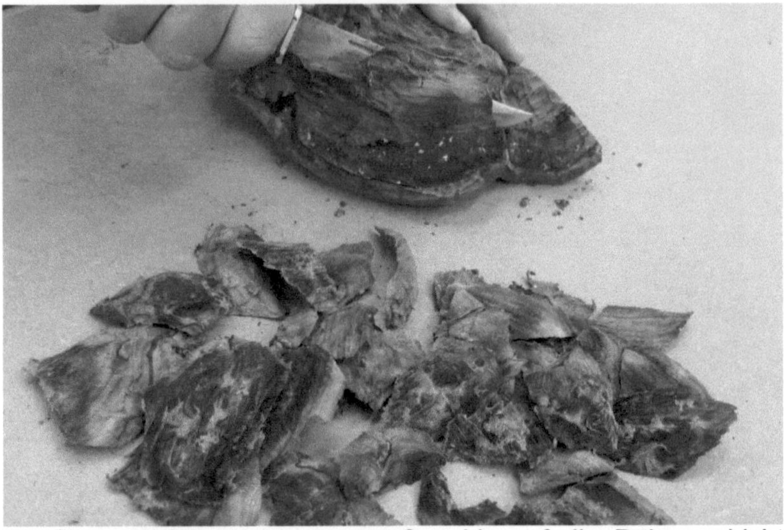

Die Tramstücke werden von außen bis auf die Röhrenschicht abgeschnitten. Im Bild ist die Röhrenschicht schon zu erkennen.

Die abgetrennten Tramastücke von diesem Schwamm ergaben 230 Gramm, während der restliche Röhrenanteil 440 Gramm auf die Waage brachte.

Feuerzunder nach der Scheibenklopfmethode.

Nachdem die Zunderschwämme im Wald geerntet sind, werden diese grob gesäubert und eventuell an der Anwachsseite gerade geschnitten, um zu erkennen, wie der Aufbau der Tramaschicht ist. Danach werden von der Röhrenunterseite je nach Bedarf etwa 2 bis 3 cm abgeschnitten, denn an dieser Stelle des Schwammes ist kein optimaler Ertrag der Trama zu erwarten.

Danach werden die Schwämme senkrecht in Röhrenrichtung in etwa 0,5 bis 1 cm dicke Scheiben geschnitten. Diese Arbeiten werden auf einer Bandsäge durchgeführt oder, wenn vorhanden, mit einem Hebelschneidmesser. In alter Literatur liest man dazu: »Mit dem Messer in Streifen geschnitten.« Ich kann mir jedoch nicht vorstellen, wie das mit dem Messer bewerkstelligt worden ist – noch dazu bei den damaligen Verarbeitungsmengen, da es doch recht unpraktisch ist. Anschließend werden die Scheiben etwa zwei bis drei Stunden in einem Kessel gekocht und anschließend auf einem Holzamboss geklopft. Die nicht brauchbaren Röhren brechen während des Klopfens teilweise heraus, ebenso bricht die harte Außenkruste ab. Zum Schluss werden die geklopften Lappen zum Trocknen aufgehängt. In Salpeterlauge oder Pottasche geweicht und gebeizt, ist der Zunder nach der Scheibenart auch ein guter Feuerzunder.

Ein geklopfter und gebeizter Zunderlappen nach der Scheibenart der Schwammklopfer.

Feuerzunder aus Schmuckzunderreststücken, die nach dem Beizen getrocknet und anschließend weich getrommelt wurden.

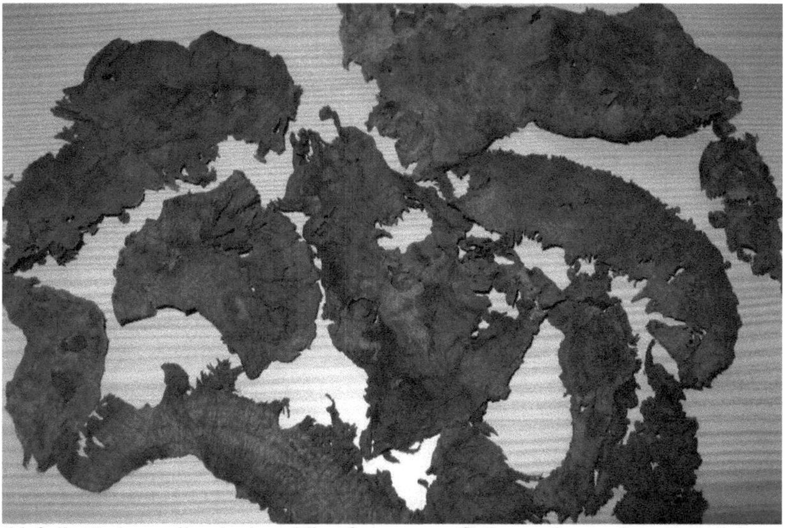

Abfallstücke, die beim Klopfen von Schmuckzunder entstehen und zum Teil von der Fläche abgetrennt werden. Vorerst gesammelt und getrocknet, danach in Salpeterlauge zwei Wochen eingelegt, dann nochmals geklopft, gewalkt und getrocknet, ergeben sie durch die rissige ausgefranste Struktur gute Funkenfänger.

Angefertigte Arbeiten aus Zunderschwamm.

Aus Zunderschwamm lassen sich die schönsten Dinge herstellen. Der Fantasie sind praktisch keine Grenzen gesetzt. Im folgenden Teil geht es um die richtige Bearbeitung der Lappen.

Für die Anfertigung von Dekorationsgegenständen, wie zum Beispiel Gefäße und Schalen, darf der Zunder nicht so weich sein, es sei denn, es sollen Kappen oder Hüte daraus gemacht werden. Für die Beplankung von kleinen Truhen, Bilderrahmen oder Schatullen muss der Zunder dünn, weich und biegsam sein, aber nicht dehnbar. Für sogenannte Intarsienarbeiten, bei denen besonders schön strukturierte und gemaserte Tramastücke zusammengefügt werden sollen, muss der Zunder wiederum sehr steif und fest sein. Zunderschwamm ist ein äußerst zähes und wiederum geschmeidiges Material, was sich sehr schwer schneiden lässt. Scharfe Messer sind daher stets eine Grundvoraussetzung.

Mit dem Schleifen der Oberfläche muss sehr vorsichtig und sehr gefühlvoll umgegangen werden. Ist das Schleifpapier zu grob, werden beim Schleifen kleine Stücke regelrecht von der Oberfläche herausgeschält, was das Aus der Arbeit bedeuten kann. Das Schleifpapier sollte daher beim ersten Schleifgang keine gröbere als eine 120er-Körnung haben, wobei nur sehr wenig Druck ausgeübt werden darf und mit viel Gefühl geschliffen werden muss. Grundsätzlich sollte bei allen Schleifarbeiten mit einer kreisenden Bewegung geschliffen werden. Bei Bedarf geht es dann mit 150er-Körnung, 200er-Körnung, 250er-Körnung und zuletzt 280er-Körnung weiter, bis schließlich am Ende nur noch mit Schwammpapier geglättet wird, damit die herrliche Maserung zur Geltung kommt.

Bei zusammengesetzten Zunderteilen ist schon bald mehr Erfahrung nötig. Die Fugen müssen mit Fugenklebepapier abgeklebt werden, damit beim Aufpressen auf eine Tragschicht der Kleber nicht durchschlägt. Anschließend muss der Klebestreifen mit warmem Wasser abgeweicht werden. Direkt danach muss die ganze Arbeit am besten über Nacht gepresst werden, weil sonst die Fugenränder durch das Abweichen sofort aufquellen würden. Als Kleber eignet sich bei der eben beschriebenen Arbeit am besten ein farbloser Kontaktkleber. Ich experimentierte lange mit verschiedenen Klebern, bis ich den geeignetsten fand. Für Arbeiten, die in einer Presse verklebt werden sollen, ist ein Weißleim zu empfehlen. Ich testete verschiedene Kontaktkleber unterschiedlicher Hersteller, wobei ein Kotaktkleber aus dem Baumarkt von „Uhu" nach meinen Erfahrungen der Beste ist. Der Kleber existiert in flüssiger und gelartiger Form im Handel, wobei der gelartige besser ist, weil er vorsichtiger auf beide Flächen aufgetragen werden kann und nicht verläuft. Besonders bei Arbeiten mit kleinen Teilen, etwa bei Collagearbeiten, ist dies von Vorteil. Zudem ist er wasserfest.

Eine andere Leimtechnik wird in Rumänien angewendet. Knochenperlleim war früher (auch bei uns) der beste Leim und wird dort sehr vielseitig eingesetzt. Mit Knochen- und Hautleim wird bei uns jedoch nur noch vereinzelt und in speziellen Fällen gearbeitet, da die chemischen Kleber die Naturleime abgelöst haben. In Rumänien wird eine Mischung aus Knochenleim und Roggenmehl, wobei jeder Zundermacher seine eigene Zusammenstellung hat, im Wasserbad gekocht und mit Wasser verdünnt. Dies ergibt eine streichfähige Masse, die mit dem Pinsel einseitig aufgetragen wird.

Auf die noch nicht ganz ausgehärtete Fläche wird das Gegenteil aufgelegt und mit einem heißen Bügeleisen angedrückt. Durch die Wärme wird der Leim wieder flüssig und verbindet die Einzelteile sauber, ohne dass Leim austritt. Mit dieser Klebeart werden in Rumänien alle Verbindungen bei Zunderarbeiten ausgeführt. Es ist eine altüberlieferte Methode, die sehr sauber ist, aber natürlich einen großen Nachteil hat: Die Verbindungen lösen sich bei Feuchte und Regen, was bei den schönen Mützen und Hüten, die von dort kommen, eine große Schwachstelle ist. Für Arbeiten, die nicht der Feuchtigkeit ausgesetzt sind, ist diese Methode jedoch völlig in Ordnung.

Verwendung von Birkenporling (Piptoporus betulinus).

Zur zweifarbigen Gestaltung und zur dekorativen Zusammenfügung von Zunderschwamm mit Birkenporling werden die Birkenporlinge im Herbst, wenn sie reif und ausgewachsen sind, geerntet. Die Ernte geschieht ähnlich wie die des Zunderschwammes. Die Fruchtkörper werden zuerst geschält und dann mit einem Messer in Scheiben von 4 bis 5 mm Dicke geschnitten. Die Schnittrichtung kann beliebig längs oder auch waagerecht erfolgen. Sind die Fruchtkörper zu groß, ist eine Brotschneidemaschine sehr nützlich. Das schwache Futter ist abzuschälen. Sind die Scheiben geschnitten, müssen diese zwischen Weichholzplatten in einer Presse oder mittels Schraubzwingen gepresst werden. Auf eine gleichmäßige Stärke von ca. 1 bis 2 mm sollten die Scheiben gepresst werden, etwa so dick wie der Zunder, welcher mit dem Birkenporling zusammen verarbeitet wird.

Wenn die frischen Scheiben zu feucht sind (je nach Wetterlage beim Ernten), ist zu empfehlen, zwischen die Platten bei der ersten Pressung ein saugfähiges, unbedrucktes Papier (z. B. Küchenkrepp) einzulegen, damit die Feuchte besser entzogen und aufgesaugt werden kann. Ein bedrucktes Papier hinterlässt nach dem Auspressen ein Muster auf den Scheiben.

Aus diesem Pilzmaterial lassen sich sehr gut verschiedene Formen und Streifen zur Ergänzung von Collagearbeiten in Verbindung mit Zunder herstellen. Die Verwendung zu Intarsienarbeiten ist möglich, aber etwas schwierig, da beim Schleifen die Schleifpartikel von dem dunklen Zunder in den hellen Birkenporling eindringen. Diese wieder zu entfernen, geht nur durch Ausblasen, am besten mit einer Pressluftdüse. Vor Verarbeitung muss das gesamte Material vollkommen glatt gepresst sein, wenn dies nicht schon gleich nach dem Klopfen geschehen ist. Wichtig ist auch eine gleichmäßige Stärke der einzelnen Zunderschwammlappen.

Beispiele von Zunderschwammarbeiten.

Mützen aus Zunderschwamm, aus vier Teilen zusammengesetzt. Die linke Mütze besteht aus gegossenem Zunderpapier mit Fugen-Bändern aus echtem Zunder.

Die rechte Mütze ist aus echten Zunderlappen angefertigt, mit geflochtenem Zierstirnband und geprägten Zundermodeln. Die Schildeinfassung ist rechts aus Leder und links aus Zunder. Die Verbindungsstellen bei beiden Arbeiten sind mit Kontaktkleber verarbeitet. Eine Imprägnierung mit Lederspray ist zum Schluss erfolgt, um einen Schutz gegen Nässe zu erreichen.

Verschiedene Schalen in unterschiedlichen Größen und Formen. Eine sehr schöne Naturmaserung des Zunderschwammes kommt dabei besonders zur Geltung.

Bei der Anfertigung von den abgebildeten Schalen ist ein Zunder mit fester, aber biegsamer Eigenschaft geklopft und anschließend gepresst worden. Ist der Zunderlappen zu dehnbar, können die einzelnen Teile, Segmente, Fugen und Verbindungen nicht passend gefertigt werden. Als Träger wird eine mehrschichtige, verleimte Mittellage aus fünf kreuzweise verleimten Furnierschichten á 0,8 mm in einer Form verwendet. Die Zunderdeckschicht muss vordem angefeuchtet und ohne Bindemittel erst einmal in Form gepresst werden und dann austrocknen, ehe diese endgültig aufgeklebt wird. Der Kleber ist Weißleim.

Schalen und Dosen aus zusammengefügten einzelnen Zunderteilen (ähnlich einer Intarsienarbeit).

Leuchter mit aufgeklebten Zierelementen aus Zunder. Die Untersetzer sind mit Zunderschwamm beschichtet und gewachst.

Eine Schreibtischgarnitur aus Zunderschwamm ist ein Unikat. Die natürliche Maserung kommt nach der Bearbeitung sehr gut durch.

Die Größe des geklopften Zunderlappens gibt die Form für das Schlüsselbrettchen vor. Die schöne Maserung des Zunders ist Wandschmuck und Blickfang zugleich.

Nachdem der geerntete Zunderschwamm zu dieser Arbeit bereit ist, wird er intensiv gesäubert, am besten mit einer Pressluftdüse, dann getrocknet und mit Holzwurmmittel eingepinselt, um damit gegen Holzschädlinge geschützt zu sein. Die Rückseite muss blank geschliffen oder abgerichtet werden, ehe alles auf eine Wandplatte von hinten verschraubt wird. Die Oberfläche wird zum Schluss noch mit einem Lack geschützt.

Schmuckkästchen aus Zunder, zwei Zierbänder, ca. 120 Jahre alt, von einem der letzten Schwammklopfer aus Neustadt am Rennsteig (aus Bestand Rennsteigmuseum Neustadt).

Die Herstellung von Zundergegenständen, wie hier zum Teil beschrieben, ist in unserer Region bzw. in ganz Deutschland weitestgehend unbekannt. Mit dem Aussterben des Zunderklopferhandwerks verschwand auch die Überlieferung diesbezüglich. Erst in letzter Zeit, wo mehr »Altes wiederentdeckt« wird, besinnt man sich wieder auf die alten Handwerkstechniken.
Leider ist aus damaliger Zeit wenig über alte Zundergegenstände im Originalzustand erhalten. Das wenige ist deshalb zu Studienzwecken besonders wertvoll und erhaltenswert.

Eines von wenig Erhaltenem ist eine Zunderkappe aus der Zeit um 1920 von einem der letzten Schwammklopfer aus Neustadt am Rennsteig. Gut erkennbar ist, dass diese Kappe aus einem besonders großen Zunderschwamm angefertigt ist und daher aus einem Stück besteht. Die Kappe ist innen mit einem Stofffutter ausgekleidet. Aller Wahrscheinlichkeit nach ist die Kappe verleimt. Welcher Leim dabei jedoch zur Anwendung kam, ist nicht mehr feststellbar, jedoch ist anzunehmen, dass es sich aufgrund der damals üblichen Verfahrensweise um Knochenleim handelt. Die Arbeit ist von Hinterbliebenen aus dem Ort als Geschenk an das Rennsteigmuseum in Neustadt am Rennsteig gegeben worden, wo das einzigartige Stück heute zu sehen ist.

Bei vielen derartigen alten Gegenständen steht immer die Frage im Raum, wie und woraus es zur damaligen Zeit hergestellt wurde und woher die Menschen damals ihr Wissen bezogen. Die Antwort darauf ist einfach: Es waren eben erfinderische Menschen, wobei wir bei heutigen Recherchen oft vor Rätseln stehen.

Eine weitere Arbeit ist ein aus Zunderschwammlappen angefertigter Bilderrahmen. Diese Arbeit stammt ebenfalls aus der Zeit der Jahrhundertwende und ist ein seltenes Schmuckstück, vor allem in Anbetracht des gerahmten Motivs. Beachtlich sind die aus Messing gestanzten Schmuckelemente an den Ecken, wie es sie auch in anderen Bereichen gibt, zum Beispiel bei Möbelbeschlägen, die zu damaliger Zeit in Mode waren. Hier hat man die Zunderlappen noch übereinander verleimt, um die Fläche abzudecken. Dies ist ein Zeichen dafür, dass man sich mit Schmuckzunderarbeiten noch nicht so intensiv befasste und somit Erfahrungen fehlten. Ein sogenanntes Überschäften des Zunders hat der damalige Schwammklopfer wohl noch nicht gekannt oder er hielt diese Technik nicht für notwendig. Möglicherweise handelte es sich auch um einen Schwammklopfer, der überwiegend Feuerzunder herstellte und dieses Kunstwerk für sich geschaffen hat. Wir werden es wohl nie mehr erfahren können! Das Bild hat seinen Platz im Neustädter Rennsteigmuseum.

Eigens angefertigter Bilderrahmen aus Zunderschwamm. Der Rahmen ist auf einen Holzkern in einer Gummiform aufgeklebt. Die Stoßfugen sind stumpf verklebt.

Spiegelbild eines Flachen Lackporlings im Zunderrahmen.

Eine von mir angefertigte Collagearbeit. Der Aufbau: Die Grundplatte ist in Kirschbaum furniert, darauf klebt der zusammengesetzte Zunder aus der geklopften Tramaschicht. Der Mauerwerkssockel ist flächenbündig mit Birkenporling zusammengesetzt als Intarsienarbeit. Die helle Beschriftung besteht ebenfalls aus Birkenporling. Zur dekorativen Ergänzung sind im Modell gepresste Blätter aus Zunderschwamm aufgeklebt. Die gesamte Arbeit ist in einen Rahmen aus gegossenem Zunderpapier beschichtet eingerahmt.

Eine Arbeit aus gepressten Modeln aus Zunderschwamm. Der »kleinste« Zunderschwamm ist hier Teil in einer Collage. Zur Schwammklopfer-Schwammprämierung war es der Kleinste unter den Großen!

Die einzelnen Schritte der Zunderbearbeitung.

Einige Arbeitsgänge der Zunderbearbeitung wurden in den verschiedenen Bildern bereits angedeutet. Im Folgenden sollen die Arbeitsschritte weiterführend erläutert werden. Nach dem Klopfen erfolgt bei Schmuckzunder **das Pressen,** in einer dazu vorgerichteten Presse mit Weichholzzwischenlagen, zum Beispiel aus Fichte oder Tanne, weil diese die Feuchtigkeit gut aufnimmt. Kiefer sollte möglichst gemieden werden, da diese zu viel Harz enthält. Bei Bedarf kann zusätzlich saugfähiges und unbedrucktes Krepppapier eingelegt werden. Die bereits gepressten Lappen werden fortan zwischen zwei Pappen aufbewahrt, damit die Flächen nicht wellig werden.

Eine etwas verkleinerte, extra zu diesem Zweck vorgerichtete Spindelpresse mit verschiebbaren Druckstellen. Die große Platte unten ist für größere Pressteile ausgelegt. Auch beim Pressen von Schwammpapier ist die Presse eine wichtige Hilfe.

Die nächsten Schritte sind davon abhängig, was daraus hergestellt werden soll.

Hier ist das sogenannte **Schäften** eine Arbeit, welche angewendet wird, wenn zwei oder mehrere Tramalappen miteinander verbunden werden sollen. Das Schäften ist das Verkleben zweier schräg angeschliffener Tramastücke. Die verschiedenen Lappen werden nach Struktur und Farbe sortiert und vor dem Schäften zusammengelegt. Danach wird mit dem Lineal eine gerade Kante angeschnitten oder mit etwas mehr Geschick beide zu verbindenden Stücke aufeinandergelegt und freihändig geschnitten. So kann die Fläche so weit wie möglich ausgenutzt werden.

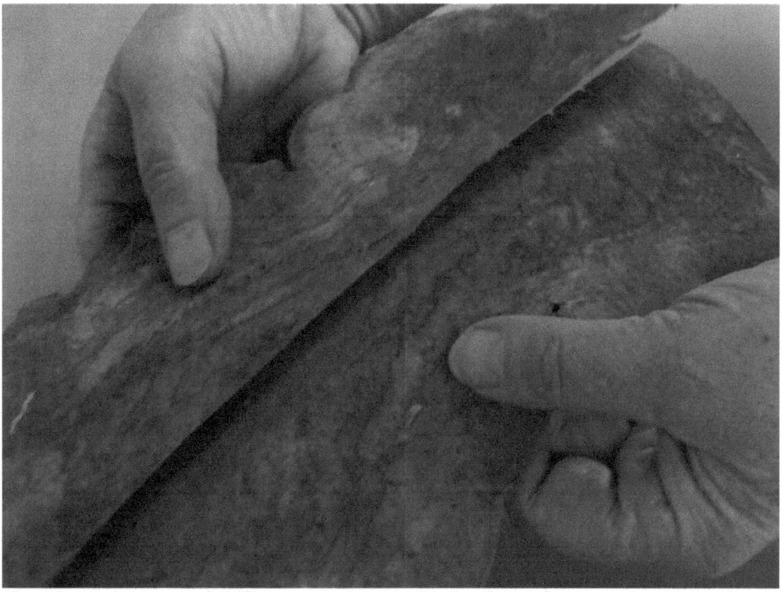

Zunderschwammhälften werden mittels Schäftens wie hier abgebildet zusammengefügt.

Alle auszuführenden Schnitte werden vorrangig mit dem Cuttermesser gemacht. Weiterhin ist eine stabile Schneiderschere sehr nützlich. Die geschnittenen Verbindungsstellen werden nun an einer scharfen Tischkante oder besser einer Hartplatte aufgelegt, fest angedrückt bzw. aufgespannt und mit feinem Schleifpapier und Handschleifklotz mit 120er- bis 200er-Körnung scharf bis zur Kante angeschliffen. Die Fuge oder Überlappung soll zwischen 6 und 10 mm sein und zwar einmal die obere Flächenseite und einmal die Unterseite, damit die Verbindung flächenbündig übereinander passt. Auf beiden Seiten muss Kontaktkleber aufgetragen werden. Schließlich lässt man es ablüften und drückt es zusammen. Anschließend presst man beides mit warmen Zulagen mit Schraubzwingen oder in der Presse fest zusammen. Die Presszeit sollte bis zur völligen Aushärtung etwa eine Stunde betragen.

Nach dem Pressen wird die Fläche in kreisenden Bewegungen mit 220er-Schleifpapier geglättet. Diese geschäftete Verbindung kann öfters angewendet werden, weil die Lappen in der Größe oft nicht zur Verfügung stehen. Wird beispielsweise mit einer einfachen Arbeit begonnen, der Herstellung einer **einfachen Fläche** wie etwa ein Tablett, ein Schlüsselbrettchen oder nur eine Ansichtsfläche, kommt häufig nur das Ausflicken von eventuellen Fehlerstellen in Betracht. Hier gibt es einen einfachen Trick. Bei allen Schleifarbeiten fällt immer Schleifstaub an und dieser sollte auf keinen Fall weggeworfen, sondern in einem beliebigen Gefäß gesammelt werden. Mit einem farblosen Möbellack auf Nitrobasis zu einem dicken Brei angerührt, ergibt dieser Schleifstaub später eine hervorragende Spachtelmasse, welche in die Schadstellen eingedrückt und nach dem Aushärten mit feinem Schleifpapier verputzt wird. Auf diese Weise können kleinere Fehler in der Fläche repariert werden.
Größere Fehlerstellen werden mit Stanzeisen ausgestanzt und mit gleichem Zundermaterial ersetzt. Diese sogenannten Ausflickeisen gibt es in verschiedenen Formen und Größen.

Das Herstellen von geformten Gegenständen – eine Zunderarbeit mit etwas mehr Übung.

Als eine etwas anspruchsvollere Arbeit wird die Herstellung einer Zundermütze beschrieben. Zuerst ist die gewünschte Größe festzulegen. Danach wird eine Hutform angefertigt. Es sollte mindestens eine Positivform sein, besser ist jedoch, eine Negativform mit anzufertigen.

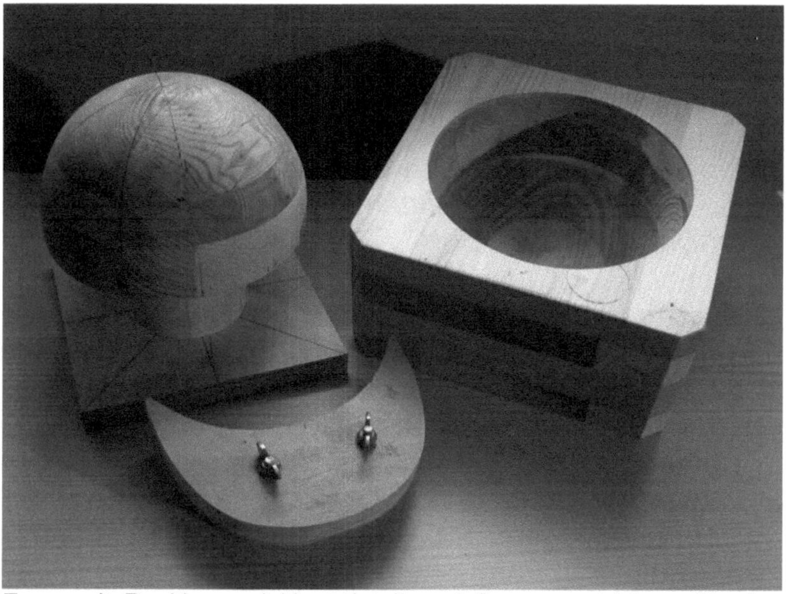

Form mit Positiv- und Negativteil und Spannvorrichtung für das Mützenschild aus verleimtem Kiefernholz. Schon für die Herstellung der Modelle wird eine Drechselbank benötigt.

Angedacht ist eine Zundermütze aus vier Teilen, wo die Teilung auf der Positivform angezeichnet wird, um danach die Größe der benötigten Zunderlappen festzulegen. Die Zunderlappen werden dann anhand einer Pappschablone zugeschnitten, müssen umlaufend jedoch etwa 2 cm größer sein. Die Zunderteile müssen kurz eingeweicht werden, um diese dann auf die Form zu heften und mit der Gegenform zu pressen und zu trocknen. Dieser Vorgang wird stets für zwei diagonal gegenüberliegende Teile ausgeführt, da die Einzelteile ja etwas größer zugeschnitten sind und sich beim Pressen nicht überlappen dürfen.
Zwei Tage sollten die Teile gepresst werden. Danach werden die gepressten und getrockneten Zunderteile mit Reißnägeln auf die Form geheftet. Dabei liegen immer die angezeichneten Fugen übereinander. Mit

einem biegsamen, oben in der Mitte befestigten Anlegelineal werden beide Teile mit einem Schnitt passgenau zusammengeschnitten.
Die vordem aus Zunder geschnittenen, ca. 2 cm breiten Decksteifen werden danach mit Kontaktkleber auf die Fugen geklebt und mit dem Walzenroller angedrückt.
Wenn die Hülle verbunden ist, kann diese von der Form genommen werden und die Stoßfugen werden auf der Innenseite ebenfalls mit Zunderstreifen – hierbei etwa 4 cm breit – überklebt. Nach diesen Arbeiten sollte das Ganze in der Negativ-Form eingepresst werden. In der Zwischenzeit wird das Mützenschild vorbereitet.
Das angefertigte Pressmodell ist entsprechend der gewünschten Form etwas gewölbt ausgearbeitet. Wieder gibt es Unter- und Oberteil. Anschließend werden zwischen zwei Lagen Zunderschwamm ein Stück Pappe oder Weißblech (0,3 mm Stärke) zur Stabilisierung geklebt und mit zwei Schraubzwingen gepresst. Dabei ist zu beachten, dass hinten ca. 2 cm Blech oder Pappe überstehen, um damit einen abgewinkelten Rand zu erhalten, der dann an der Innenseite am unteren Mützenrand angeklebt wird. Dieser Verbindungsrand muss entsprechend der Mützenrundform öfter eingeschnitten werden, was vor dem Verkleben angepasst werden muss.
Die Verklebungsstelle wird später mit dem sogenannten Schweißband innen an der Mütze etwa 4 cm breit umlaufend abgedeckt. Alle Kanten werden nach dem Beschneiden mit etwa 4 cm breiten, dünnen Zunderschwammstreifen umklebt und damit verfestigt. Es steht jedem frei, der sich an diese Arbeit heran traut, das eine oder andere noch zu verfeinern, etwa wenn eine Zackenschere zur Verfügung steht, alle Kanten bei den Deckstreifen auf diese Weise zu verzieren.

Über dem Mützenschild ist die Verbindung zur Hülle mit einem aus Zunder geflochtenen Band zu versehen. Die gesamte Arbeit sollte am Schluss mit einem Lederimprägnierspray besprüht werden, um auch bei feuchtem Wetter unbesorgt zu sein.

Unentbehrliche Werkzeuge zur Zunderbearbeitung von links: Zunderschleifstaub und Nitromöbellack vermischt zum Ausspachteln von Fehlerstellen, Ausflickstanzeisen zum Ausflicken von größeren Fehlern in der Fläche, in verschiedenen Größen und Formen, Skalpell mit Wechselklingen zum Ausschneiden von feinen Arbeiten.
Cuttermesser mit Ersatzklingen zum Schneiden von Zunder, Zackenschere zum dekorativen Beschneiden, Schneiderschere, Spitzschere für spitzwinklige Ecken, Walzenroller zum Andrücken von allen zu verklebenden Arbeiten mit Kontaktkleber.

Die Herstellung einer Zunderkappe in Rumänien läuft übrigens genauso ab, nur ist der große Unterschied dabei, dass die Mützen dort aus größeren Lappen angefertigt werden. Diese werden genauso angefeuchtet und über einen runden Holzklotz gespannt (siehe Seite 32). Der Holzklotz dient gleichzeitig als Fußstütze. Mit einer Schnur wird unten der Zunder festgebunden und so getrocknet. Das Mützenschild wird ebenfalls mit Pappe verstärkt und mit der Hülle verleimt. Der Unterschied hierbei ist, dass alle Verbindungen mit Knochenleim verleimt werden, was nachteilig in Bezug auf Nässe ist. Sind die Zunderlappen nicht immer in der ganzen Größe vorhanden, werden die Teile miteinander auch durch Schäften verleimt, was durchaus gekonnt mit einfachsten Hilfsmitteln ausgeführt wird. Diese Bearbeitung wird als Geheimnis gehütet und nicht preisgegeben.

Stumpf zusammengefügte Fugen.

Bei verschiedenen Arbeiten kommen stumpf aneinander gefügte Verbindungen vor. Bei einer runden Schale oder einem runden Tablett können die Zunderteile sternförmig zusammengesetzt werden. Bei diesen Arbeiten ist ein fester und steifer Zunder Voraussetzung, denn weicher Zunder würde diese Verbindungen nicht ermöglichen.
Die Anzahl der Teile einer Fläche muss vorab ausgerechnet werden, am besten zeichnet man vorher mit Zirkel und Bleistift die Teilung auf einem gesonderten Blatt auf. Danach wird mit einem Lineal und einem scharfen Cuttermesser ausgeschnitten. Die einzelnen Teile werden mit Fugenklebeband verklebt. Die Verklebung mit der Tragschicht und die nachfolgende Weiterbehandlung sind auf den Seiten 84 und 86 schon beschrieben. Bei Intarsienarbeiten ist der Ablauf derselbe. Nur bei der Nachbehandlung ist beim Verschleifen darauf zu achten, dass sich das dunkle Material nicht zu sehr mit dem hellen Material verbindet. In diesem Fall muss am Schluss eventuell mit Luft nach-

geholfen und ausgeblasen werden. Steht eine Presse zur Verfügung, kann man sich eine Verbesserung schaffen, die jedoch einige Kenntnisse erfordert und die am Schluss noch erwähnt werden soll. Man kann aus einfachen Stahl- und Eisenstücken Stanzwerkzeuge bauen, was natürlich bei der Zunderbeschneidung eine große Erleichterung ist. Man spart damit nicht nur Kraft, sondern auch die Schnittgenauigkeit wird damit stark erhöht.

Verschiedene Stanzwerkzeuge zum Ausstanzen des Zunders aus Eisenteilen, Edelstahlrohr, Abschnitten und gebrauchten Eisensägeblättern. Sie wurden zu Schnittmessern angeschliffen, um Zunderpapier sauber ausstanzen zu können.

Mit Zunder beschichtete Bilderrahmen

Der Gestaltung sind keine Grenzen gesetzt. Ob mit echten Zunderlappen oder aus gegossenem Zunder-

papier – Massivholzrahmenleisten lassen sich mit diesem Material sehr dekorativ beschichten.
Der zu beschichtende Radius sollte nicht kleiner als 15 mm sein, also 30 mm Durchmesser haben. Nach oben sind keine Grenzen gesetzt.

Eine Vorrichtung zum Beschichten von Rundungen. Die starke Gummizulage legt sich sehr gut an jede Rundung an. Die selbst zu bauende Vorrichtung sollte variabel sein, um die verschiedenen Radien zu pressen und zu beschichten.

Voraussetzung ist eine genau überlegte Konstruktion des Pressmodells, wenn größere Radien beschichtet werden sollen. Ist der Radius zu klein, besteht die Gefahr, dass das Zundermaterial bricht. Bei dieser Beschichtung muss Zunder verwendet werden, der weder zu fest noch zu weich ist und eine gleichmäßige Stärke hat. Auch sauber und fehlerfrei muss das Material sein.

Sowohl echte Zunderlappen als auch Zunderpapier müssen beidseitig nass eingestrichen werden, damit es sich der Rundung mühelos anpasst. Wenn das Zundermaterial in der Länge nicht in einem Stück ausreicht, müssen die Fugen stumpf aneinandergestoßen werden. Die Verbindungsstellen werden mit Fugenklebepapier abgeklebt, was nach dem Pressvorgang wieder mühelos abgeweicht werden kann. Die Verleimung ist hier am besten mit einem Weißleim durchzuführen, da bei dem Verleimvorgang in der Form eine Verschiebung stattfindet. Kontaktkleber ist daher ungeeignet. Der Leim wird am besten auf dem Trägermaterial aufgetragen.
Die Überstände werden mit dem Cuttermesser nach dem Pressvorgang sauber abgeschnitten. Die Presszeit beträgt fünf bis sechs Stunden. In der Regel ist ein Verputzen und Schleifen der Oberfläche notwendig. Das Schleifen geschieht mit feinem Korundpapier der Körnung 180 bis 220 und sehr gefühlvoll. Wenn ein Schleifen vermieden werden kann, sollte dies getan werden! Danach werden die einzelnen Rahmenteile nach Maß mit einer Gehrungslade und einer Feinsäge auf Gehrung geschnitten. Besser ist jedoch der Schnitt im Anschlag auf einer Kreissäge mit feinem Sägeblatt.
Das Verbinden der Gehrung wird nur durch Passgenauigkeit und ohne Einspanndruck durchgeführt. Die Festigkeit der Verbindung wird durch dünne, von hinten auf die Gehrung geklebte Furnier- oder Sperrholzplättchen und eine zusätzliche 15-Millimeter-Klammer erhöht. Die Oberflächenvergütung kann individuell gestaltet werden. Zu empfehlen ist ein farbloses Wachs (Prigol-Edelwachs).

Pressen von Zierelementen in Schablonen.

Zum Verzieren von Zunderarbeiten werden möglichst weiche und dünne Zunderreststücke verwendet. Die Stärke sollte ca. 1,5 bis 2 mm sein. Hier ist wiederum ein weicher Zunder notwendig. Die Reststücke sollten abhängig von ihrer gewünschten Verwendung eine gleichmäßige Farbe und wenig Maserung haben, also relativ schlicht sein. Bei dieser Gestaltung sind alle vorstellbaren Formen möglich, meist werden es jedoch Blattnachbildungen sein. Für die Verzierungen benötigt man 30 mm starke Holzplatten, in die die Muster im Negativschnitt eingeschnitzt werden. So kann der Zunderlappen in die Form unter Druck eingepresst werden. Eventuelle runde Rosetten werden eingedrechselt. Ein hartes Holz, wie Buche, Ahorn oder auch Obstbaumhölzer, sind geeignet, nur Eichenholz ist wegen der Gerbsäure nicht geeignet.
Die verschiedenen Formen müssen so gestaltet werden, dass das Zundermaterial sich gut in der Vorlage abdrückt. Bei einigen Modellen muss um die Form herum das Holz etwa 1 bis 1,5 mm abgetragen werden, damit das eigentliche Druckmodel etwas erhaben übersteht.
Die Tramastücke müssen vor dem Pressen etwa eine Minute in heißem Wasser eingeweicht werden und anschließend mit einer Gegendruckplatte und einer Zwinge etwa sechs bis sieben Stunden unter Druck gehalten werden. Wenn es schneller gehen soll, kann man auch mit einem heißen Bügeleisen den Druck erzeugen und damit auch gleichzeitig trocknen. Diese Möglichkeit geht zwar schneller, ist aber energieaufwendiger.

Schablonen aus Buchenholz mit verschiedenen Blattformen und Blattmotiven zum Pressen von Zierelementen aus Zunder.

Nach dem Pressen werden die einzelnen Motive mit der Zackenschere oder Spitzschere ausgeschnitten. Wenn größere Mengen von den Modellen hergestellt werden sollen, kann der Einsatz von Schablonen aus Aluminium möglich sein, da diese auch mehrmals in gleicher und genauer Form gegossen werden können.

Medizinischer Zunderschwamm.

Zunderschwamm ist, wie schon deutlich geworden, ein sehr vielseitig verwendbares und begehrtes Material. Früher wurde der Zunderschwamm unter der Bezeichnung »Fungus igniarius«, »Fungus chirurgorum« oder »Agarius chirurgorum« in Apotheken verkauft. Als blutstillendes Mittel wurde er in früheren Zeiten auch bei Operationen verwendet. Bei der eigenen Zunderbearbeitung kommt es des Öfteren vor, dass Verletzun-

gen entstehen, bei denen der Schwamm erfolgreich Blutstillung bewirkt.
Die Verarbeitung zu Zunder für medizinische Zwecke bedarf einer besonders sauberen Behandlung. Schon vor der Ernte am Stamm muss klar sein, ob daraus ein Wundschwamm hergestellt werden kann. Als erstes muss darauf geachtet werden, dass der Schwamm glatt und so wenige Rillen wie möglich aufweist (ähnlich wie bei der Schmuckzunderbearbeitung). Hier ist die beste Bearbeitung »von außen her«, das heißt, dass zuerst die Kruste nach einer gewählten Möglichkeit entfernt und danach mit einem Messer die Tramaschicht in möglichst großen Teilen herausgeschnitten wird. Die beim Schmuckzunder beschriebene Bearbeitung kann alternativ auch zur Anwendung kommen.
Beim Abschälen der Teile sollte nach Möglichkeit nicht bis auf die Röhrenschicht durchgeschnitten werden und die Tramaschicht sollte so dick wie möglich sein. Im Anschluss werden die Teile in sauberem und klarem Wasser eingeweicht. Damit das Wasser sauber bleibt, muss es öfters gewechselt werden. Die Einweichzeit braucht mindestens zwei bis drei Wochen. Nach dem Weichen wird ermittelt, ob noch gekocht werden muss. Die Kochzeit wird von der Beschaffenheit des Schwammes bestimmt. Danach wird wenig und leicht geklopft, mehr gezogen und gewalkt. Die fertigen Lappen sollten eine Stärke von ungefähr 3 mm aufweisen sowie sehr weich und schmiegsam sein, um einen aufsaugenden Effekt zu haben und so bei Wunden gut angelegt werden zu können. Im Anschluss werden die Teile noch öfters bewegt und an einem schattigen Ort zum Trocknen aufgehängt. Nach der neuen Methode des Trommelns gibt es eine weitere Möglichkeit der Weichmachung des Zunders. Wichtig ist bei dem medizinischen Zunder eine sehr saubere Behandlung bei allen Arbeiten.

Zunderlappen zur medizinischen Verwendung, der in diesem Fall in der Trommel sehr weich gewalkt wurde. Unter der Bezeichnung »Fungus Chirurgorum« wurde er früher in der Apotheke als blutstillendes Mittel gehandelt und bei Operationen verwendet.

In der Sportfischerei, speziell bei den Fliegenfischern, sind sogenannte Fächer gebräuchlich. Darin werden Köderfliegen getrocknet, um wieder schwimmfähig zu werden. Zwei Schwammlappen, etwa in der Größe 50 mm x 120 mm, werden oben zusammen verbunden und eventuell noch mit einem Halter versehen. Fertig ist der Fliegentrockner.
Vergleichbar mit der Beschaffenheit des medizinischen Zunders ist auch der sogenannte Wischer. Darunter versteht man ein Werkzeug zum Verwischen von Strichen bei Kohlezeichnungen bzw. einen Radierschwamm.

Ein Fliegentrockner aus Zunder für die Sportfischerei. Zwischen die beiden Zunderlappen werden die nassen Fliegen zum Trocknen eingelegt.

Räucherzunder.

Bei praktisch allen Verarbeitungsmöglichkeiten des Zunderschwammes fallen kleinere Stücke an, die für eine qualitativ hochwertige Weiterarbeit unbrauchbar sind, deshalb jedoch natürlich kein Abfall sein müssen. Auch sie können noch auf sehr nützliche Weise weiterverwendet werden. Es wäre ja schade um jedes noch so kleine Stück, denn man investierte ja viel Zeit und Arbeit. Die Reststücke und der gesammelte Abfall werden zunächst in einer eigens dazu bereitgestellten Presse (Knochenpresse) in etwa erbsengroße Stücke zerkleinert.

Ein Gerät, was mit Zunderschwamm normalerweise nicht in Verbindung gebracht wird, aber doch sehr nützliche Dienste tun kann: Die Knochenpresse. Jedes noch so kleine Stück Zunder kann damit für weitere Arbeiten verwendet werden.

Ist diese erste Bearbeitung erfolgt, ist der Räucherzunder schon fertig. Allerdings müssen reiner und gebeizter Zunder getrennt verarbeitet werden. Gebeizter Zunder ist zum Räuchern nicht geeignet, da er zu schnell abbrennen würde. Der reine Zunder kann zum Räuchern genutzt werden, ist aber auch noch für zahlreiche weitere Zwecke verwendbar. Unsere Altvorderen haben dieses Material, wie es in alten Büchern zu lesen ist, im Mörser zerstampft, doch diese Zeiten sind vorüber. Heute verwendet man dazu eine neuere Technik.

Aus Abfallstücken bei der Verarbeitung entstehen kleinere und schlecht verwertbare Stücke. Sie werden zerkleinert und sind so nützlich für eine weitere Verwendung.

Zunächst ist es ein Material für die Imker zum **Rauchen in der Bienenpfeife.** Dieser Rauch ist für Bienen sehr beruhigend und zudem auch angenehm für den Imker. Bei uns in Deutschland ist diese Methode noch nicht so bekannt, in Rumänien dafür umso gebräuchlicher. Es ist wohl auch eine Frage der Kosten und steht bei uns auch nicht in ausreichender Menge zur Verfügung, weil es einfach zu wenige Leute gibt, die sich mit der Zunderbearbeitung befassen.

Weiterhin ist Räucherzunder ein Mittel, was angebrannt sehr langsam glimmt, angenehm riecht und die Mücken und Wespen beim sommerlichen Aufenthalt im Freien fernhält.

Hier ist der Spruch „es brennt wie Zunder“ nicht angebracht, denn Zunder brennt nicht, er glimmt nur! In einem dekorativen Keramikpilz, der extra zu diesem Zweck angefertigt wurde, ist dies auch optisch eine Augenweide. Mit Öffnungen versehen, damit Zug entsteht, glimmt der Räucherzunder leicht durch. Der Pilz ist dazu noch ein dekorativer Blickfang auf dem Tisch.

Keramik-Räucherpilz, der extra für diese Zunderräucherei angefertigt wurde und sich bewährt hat.

Eine dritte Verwendungsmöglichkeit für dieses Material ist der Einsatz als sogenannte Zunderwolle zum Entzünden von Feuer. Hierzu ist gebeizter Feuerzunder besonders gut geeignet, der ja bisher wenig Verwendung fand. Der Gletschermensch Ötzi hatte schon Zunderwolle bei sich, allerdings sicher nicht in dieser Qualität und auf urmenschliche Art und Weise zerkleinert. Es ist wohl noch nicht erforscht worden, ob dieser Zunder gebeizt war!

Eine normale Schlagmühle zum Zerkleinern von allen möglichen Lebensmitteln eignet sich ebenso zur Herstellung von Zunderwolle aus dem zuvor zerkleinerten Zunder mit der Presse.

Die zerkleinerte Zunderwolle soll auch das Grundmaterial für eine weitere Möglichkeit sein. In einem alten Pilzbuch aus dem Jahr 1881 steht: »Die abfallenden Stücke oder allzu alte und verhärtete Schwämme kann man noch zu einer Papiermasse zerstampfen und gleich, wie man Papier schöpft, ein dickes Schwammpapier daraus schöpfen.«
Diese weitere Methode soll im Folgenden näher betrachtet werden, denn auch damit habe ich mich eingehend beschäftigt.

Die Herstellung von Papier aus Zunderschwamm.

Um die letzten Reste vom Zunderschwamm noch zu einem weniger bekannten Produkt zu verarbeiten, soll die Papierherstellung aus Zunder hier beschrieben werden.

Vorweg ist zu sagen, dass sich Papier aus allen Pilzen herstellen lässt, nur mit unterschiedlicher Zubereitung der Pilzmasse vor dem Schöpfen oder dem Gießen.
Es gibt zwei verschiedene Papierherstellungsverfahren. Die Wiege der Papierherstellung liegt im Fernen Osten und von dort kommt die asiatische Methode des Papiergießens. Die europäische Methode der Herstellung ist das Papierschöpfen. Im Folgenden wird nicht näher auf die verschiedenen Technologien eingegangen. Als Grundlage bei der Herstellung aller Pilzpapiere soll die asiatische Art des Papiergießens praktiziert werden.
Da alles Pilzmaterial mit Pflanzenfasern zu vergleichen ist, wurde das Gießen als beste Technologie ausgewählt. Beim Schöpfen ergäbe das Pilzmaterial keine ausreichend dicke Schicht, um daraus Papier zu gewinnen. Schon eingangs wurden die unterschiedlichen Materialeigenschaften der Pilze erwähnt. Daher soll nun zuerst auf die Baumpilze, wie den Zunderschwamm, Feuerschwamm, Birkenporling und ähnliche eingegangen werden, da diese ähnliche Eigenschaften haben. An erster Stelle steht dabei der Zunderschwamm. Das Grundmaterial ist die sogenannte Zunderwolle. Ohne die Vorbehandlung des Zerkleinerns des Materials geht es überhaupt nicht. Das gleiche ist übrigens bei allen Baumschwämmen notwendig. Bei dieser Technik unterscheidet sich schon die erste Vorbereitung im Vergleich zu anderen Pilzen, wie Schirmpilzen oder Röhrlingen. Ein lange erprobtes Rezept für das Gießen von Zunderpapier wird nun vorgestellt:
Die angegebenen Mengen beziehen sich auf eine Menge von sieben Bogen DIN A4-Blätter mit einer Stärke von 1 mm bis 1,2 mm.

1. 200 g zerschredderte Zunderwolle
2. 20 bis 30 g pulverisierter Micelialkern (nicht

unbedingt notwendig, nur wenn vorhanden)

3. Pos. 1 und 2 in einem zum Kochen geeigneten Gefäß mit Deckel in 4 l heißem Wasser einweichen.
4. Zum Weichen der Fasern 250 g flüssiges Soda beigeben.
5. Fünf Tage quellen lassen und öfters umrühren.
6. Anschließend 1,5 Stunden kochen.
7. Nach dem Kochen abkühlen lassen, am besten über Nacht, um am Morgen das Gießen zu beginnen.
8. In der Zeit des Einweichens wird in einem besonderen Glas in 1 l kalten Wasser Tapetenkleister »Metylan« (Pulvermenge 40 g) eingerührt, eine Woche öfters gerührt und quellen gelassen.
9. Nach dem Abkühlen des gekochten Zunderbreies, wird der Tapetenkleister am besten mit einem Mixer intensiv mit der Gesamtmasse vermischt. Wenn durch das Kochen eventuell Wasser verkocht ist, kann es sein dass etwa 1 l kaltes, klares Wasser zugegeben werden muss, nicht mehr!

Die Vorbereitungen für das Gießen sollten am besten Im Freien geschehen, wo Wasser keinen Schaden anrichten kann. Vorteilhaft ist, wenn ein Wasserbecken Zur Verfügung steht, dann kann das Wasser abtropfen und die Rahmen können nach den einzelnen Gießgängen immer abgewaschen werden.

Die Anfertigung eines Gießrahmens.

Der Gießrahmen besteht aus unterem Gießrahmen und oberem Deckelrahmen. Der untere Rahmen besteht aus Kieferleisten von 20 x 25 mm Querschnitt, die an den Ecken entweder auf Gehrung oder stumpf zusammengeschraubt und verleimt sein müssen. Das innere Maß bei der Größe DIN A 4 ist 30 x 21 cm. Der

Rahmen wird auf der Fläche mit Fliegengaze bespannt, die über die Kanten straff gezogen und außen mit Heftklammern angeklammert sind. Die Klammern und die Kante werden mit Klebeband (Isolierband) abgedeckt.

Danach wird der Deckelrahmen angefertigt. Falzleisten aus Kiefernholz werden auf Gehrung verleimt und mit einer dünnen Eckplatte verstärkt.

Die Leisten mit einem Querschnitt von 30 x 30 mm sind mit einem Falz von 25 x 25 mm ausgeschnitten, sodass eine Wandung von 5 mm stehen bleibt. Mit etwa 4 mm Luft muss der Rahmen größer als der untere Gießrahmen sein (umlaufend 2 mm).

Durch die Ausfalzung ist der Rahmen leicht beim Gießen auf den Gießrahmen aufzusetzen und kann sich somit nicht verschieben. Die Wandungsstärke bei den Deckelrahmen von 5 mm wurde gewählt, weil beim späteren Gießen der Brei 5mm dick aufgetragen wird. Dies ist notwendig, da noch viel Wasser in der Gießmasse enthalten ist. Die Masse ist beim Gießen noch sehr locker und wird später bei den Pressvorgängen wesentlich zusammengepresst und dadurch verfestigt.

Das eigentliche Gießen und die Weiterbehandlung.

Zwei Gießrahmen mit Unter- und Deckelrahmen mit der gängigen Größe von DIN A4 über einem Wasserbecken zum Abtropfen. Griffbereit ist links der Eimer mit dem Zunderbrei zu erkennen.

Vorteilhaft ist, wenn zwei Rahmen zum Gießen zur Verfügung stehen. Somit kann immer im Wechsel gegossen werden und ein Rahmen kann in das Wasserbecken abtropfen. Der Brei wird mit einer Schöpfkelle aufgetragen und mit einem Spachtelblech genau in Höhe des Deckelrahmens glatt verteilt. Dabei kann schon einiges Wasser abtropfen. Danach werden die Deckelrahmen abgenommen und gleich für die nächste Füllung ausgewaschen, um in der Zwischenzeit zu trocknen.

Danach beginnt eine Behandlung der gegossenen Flächen. Diese ist etwas aufwendig bis letztlich ein fertiges Blatt entsteht. Nach dem Abheben des Deckelrahmens wird zunächst ein einfaches Küchensaugtuch auf den frischen Brei gelegt. Darauf wird wiederum ein Stück saugfähige Decke sowie eine Holzplatte aus Weich- oder Sperrholz gelegt, um das Ganze samt Gießrahmen umdrehen zu können.

Der Zunderbrei wird mit der Schöpfkelle auf den linken Rahmen aufgetragen und mit der Spachtel verteilt.

Danach folgt eine Arbeit, die etwas Gefühl verlangt, nämlich den Gießrahmen von dem gegossenen Brei zu lösen. Dabei wird mit einer mittelharten Bürste vorsichtig durch das Sieb gedrückt und der Rahmen mit dem Sieb oder der Gaze Stück für Stück abgehoben. Wenn man das öfter macht, bekommt man hier Übung! Danach bleiben die fertigen Bögen bis zum Ende der Gießarbeit liegen. Bei einer Herstellungsmenge von sieben bis acht Bögen entspricht dies etwa 1,5 Stunden, einschließlich des Auswaschens der Siebe und Rahmen.

Alle Bögen werden jetzt zuerst mit Küchensaugtuch, dann mit Saugdecke und einer Holzplatte bedeckt und aufeinander gestapelt und mit etwa 3 kg beschwert. Wird früh mit der Gießarbeit begonnen, ist man normalerweise am späten Vormittag bis hierhin fertig.
Am Nachmittag, nach ca. vier Stunden, werden die Tücher beiderseitig gegen trockene getauscht und auch die Holzplatten gewechselt und zum Trocknen aufgestellt. Danach werden sie wieder gestapelt und mit etwas mehr Gewicht (ca. 4 kg) beschwert. Hieraus ist zu erkennen, dass alle Arbeiten am besten im Freien und bei schönem Wetter durchgeführt werden und am frühen Morgen begonnen werden sollten. Die zum Stapeln erforderlichen Holzplatten sollten in ausreichenden Stückzahlen vorhanden sein.
Wiederum nach ca. vier Stunden werden die gestapelten Bögen mit den Platten nach Entfernen der dicken Wolltücher in der Presse unter ganz leichtem Pressdruck über Nacht gepresst. Am nächsten Morgen wird alles wieder durch trockene Tücher und Platten ersetzt und mit etwas mehr Druck erneut gepresst. Die dicken Wolldecken und auch die Küchensaugtücher müssen nach jedem Pressgang gut ausgewaschen und getrocknet werden. Das nächste Pressen erfolgt dann am Abend desselben Tages. Man sieht also, dass immer im Wechsel (morgens und abends) gearbeitet wird. Das Auswaschen der Saugtücher ist wichtig, damit sie immer für die nächsten Gießarbeiten wieder in weicher und trockener Qualität zur Verfügung stehen.
Der Zusatz des Tapetenklebers ist bei allen Arten von an Holz gewachsenen Schwämmen nötig, um eine bessere Festigkeit des Schwammpapiers zu erreichen. Nach langen Experimenten mit wenig oder ohne Kleber waren die Enderfolge mangelhaft und eine weitere Bearbeitung und Verwendung waren nur bedingt möglich. Die Verwendung für eine Mütze aus gegossenem

Zunderpapier in dieser Qualität war unmöglich. Die Pressvorgänge einschließlich des Wechselns der Saugtücher und Holzplatten muss noch mindestens fünf Tage mit täglich erhöhtem Pressdruck fortgesetzt werden.
Um eine glatte Oberfläche zu bekommen, hier noch ein Tipp: Bei den Pressvorgängen der letzten drei Tage ist ein Weglassen der Küchensaugtücher sinnvoll. Diese sollten gegen Zeitungspapier ersetzt werden. Zuerst wird dieses vierlagig, zuletzt nur noch zweilagig und mit mehr Druck aufgelegt. Außer bei Zunderschwammpapier muss bei allen anderen Pilzsorten unbedingt ein unbedrucktes Papier aufgelegt werden, weil sich sonst vor allem bei hellen Papierarten, wie Birkenporlingspapier, die Druckfarbe auf dem Papier abzeichnet. Bei dem Pressverlauf ist individuell zu bestimmen, wann der Prozess beendet wird. In der Regel dauert es eine Woche. Das fertige Papier sollte in der nächsten Zeit weiter zwischen zwei Sperrholzplatten aufbewahrt werden, um nicht wellig zu werden.
Weitere Verwendungsmöglichkeiten gibt es viele. Beispielsweise können für den eigenen Bedarf sehr individuelle Visitenkarten daraus angefertigt werden. Die Beschriftung erfolgt am besten durch einen Goldprägedruck oder, wer es beherrscht, auch durch Handbemalung.
Für Untersetzer ist das Material ebenfalls gut geeignet, dazu sollte es aber etwas dicker gegossen werden. Die Beschichtung von Bilderrahmen ist eine weitere Möglichkeit der Verwendung, wozu auch andere Pilzpapiere sehr individuell eingesetzt werden können.

Auswahl verschiedener Geräte und Hilfen zum Gießen. Links stehen Gießrahmen mit Gaze und davor der Deckelrahmen in DIN A4-Größe. Selbiges findet sich für DIN A5-Papier. Weiterhin zu sehen sind eine Spachtel aus Messingblech, eine mittelharte Bürste, flüssiges Soda, Tapetenkleber Metylan, Mixer, elektrische Kochplatte, Aluminiumtopf mit Zundermischung, Messbecher und dahinter ein weiterer Gießrahmen mit Deckelrahmen. Dieser ist wegen seiner besonderen Form mit Scharnieren verbunden. Diese Form entspricht der Größe des Viertels einer Mütze, die man ebenfalls aus Zunderpapier herstellen kann.

In alter Literatur über den Zunderschwamm ist häufig die Verwendung von Zunderresten als Dochtmaterial für Petroleumlampen erwähnt.
Diese Idee griff ich auf. Ich stellte also unterschiedlich starkes mit Stärken von 2 mm, 4 mm, 6 mm und sogar 8 mm her. Allerdings müssen dazu die Deckelrahmen der Gießform jeweils doppelt so stark wie das letztlich herzustellende Papier sein. Schließlich ist im Brei viel Wasser enthalten, was ja nach und nach ausgepresst wird.

Selbst hergestelltes Zunderpapier. Oben: Normal gegossene Blätter. Unten: Zunderpappe, 8 mm dick, als Dochtmaterial gegossen und fest gepresst. Außerdem sind geschnittene Dochte zu sehen, die in der heutigen Zeit jedoch kaum mehr Verwendung finden.

Das Schneiden der dicken Pilzpappe ist mit einem dünnen, scharfen Messer möglich, aber sehr schwierig. Ich verwendete dazu eine Furnierschere mit Niederhaltung.

Das Pressen aller Pilzpapiere nach dem Gießen ist ein wichtiger Schritt. Alle gegossenen Papiere, egal, von welchen Pilzen oder Schwämmen, sollen am Schluss eine glatte Oberfläche aufweisen. Erst recht beim Einpressen von Ornamenten ist dieser Arbeitsschritt unerlässlich. Besonders Papier von Zunder, Feuerschwamm, Birkenporling oder Trametenarten einiger anderer an Holz wachsender Pilze sind, wenn das Pressen weggelassen wird, durch die Pilzfasern rau und uneben und somit nur bedingt weiterverwendbar. Die Oberfläche wird durch das Pressen verfestigt.

Gegossenes Papier aus diversen Schirmpilzen.

Das Herstellen von Papier ist prinzipiell aus allen Pilzarten möglich. Auch wenn es nicht speziell zum Zunder gehört, soll hier auch auf Papier von Schirmpilzen eingegangen werden.
Bei all diesen Pilzarten ist die Methode des Schöpfens anwendbar. Dies liegt daran, dass die Pilzfasern eine andere Struktur haben als die Schwämme, die an Holz wachsen. Jedoch benötigt man zum Schöpfen eine größere Pilzmenge, die nicht immer zur Verfügung steht. Deshalb wird auch auf die Gießmethode zurückgegriffen.

Ein Küchenmixer zum Zerkleinern der eingemaischten Pilze.

15 verschiedene Pilzarten sollen hier als Pilzpapier beschrieben werden. Da für einige Papiere nicht immer eine ausreichend große Menge Frischpilze zur Verfü-

gung steht, soll folgendes Rezept zur Anwendung kommen: **Für jede Pilzart werden immer ca. 500 g Frischpilze verwendet.** Bei allen bisher verarbeiteten Schirmpilzarten wurde diese Menge immer am Vortag zerkleinert. Das geht am besten mit der universell einsetzbaren Knochenpresse, die schon beim Räucherzunder angewendet wurde.

Zunächst werden 500 g in ca. 0,5 l klarem Wasser eingemaischt. Es ist individuell festzulegen, ob mehr oder weniger Wasser verwendet werden muss, denn jede Pilzart ist bei der Wasseraufnahme verschieden. Am nächsten Tag wird die eingemaischte Pilzmasse mit dem Mixer zu einem Brei zerkleinert (siehe Bild oben).

Nach dem Zerkleinern wird nach Bedarf noch etwas Wasser zugesetzt, was aufgrund der unterschiedlichen Saugfähigkeit der verschiedenen Pilzarten wieder individuell entschieden werden muss. Nach intensivem Umrühren mit dem Handmixer ist die Masse zum Gießen fertig. Zusätze wie Kleber oder Soda werden bei diesen Pilzarten nicht verwendet.

Gegossen wird im Grunde genau wie bei Zunderschwamm. Es wird nur nicht dieselbe Stärke wie bei Zunder aufgetragen, sondern nur etwa die Hälfte der Menge wie bei Zunder, also ca. 3 mm.

Das Lösen der gegossenen Pilzmasse von den Sieben ist bei den einzelnen Pilzmassen recht unterschiedlich. Während sich zum Beispiel Parasolpilz, Birkenporling oder der Shiitake gut vom Sieb ablösen lassen, sind andere Arten, wie etwa die Täublingsarten, Schwefelporling oder Samtfußkrempling, nur mit viel Geduld und Vorsicht zu trennen.

Nach dem Gießen ist die Behandlung identisch zu der des Zunderschwammes. Generell sollte jedoch vorsichtiger und gefühlvoller verfahren werden, da die aufgetragene Pilzschicht bis zum Antrocknen etwas länger braucht. Auch das Einstellen des Druckes in der

Presse muss sehr gefühlvoll erfolgen. Ein Lösen der Saugtücher zwischen den Pressungen ist manchmal ein Geduldsspiel. Nicht selten muss mit Messer oder Spachtel nachgeholfen werden. Wie auch beim Zunderschwamm müssen bis zum Schluss immer wieder trockene Saugtücher eingelegt werden. Das Einlegen von Papier ist nur nach Gefühl anzuraten und auch nur bei einzelnen Pilzarten überhaupt machbar. Es gibt eben kein generelles Rezept! Die Presszeiten bis zum Schluss sind mit 8-10 Tagen in etwa gleich.

Vergleich einzelner Pilzpapiere.

Versuch: Parasolpilz (Magrolepiota procera)
500 g Frischpilze für 3 Bogen Papier.
Papier gießen auf Sieb DIN A4.
7 große Stiele und 1 Hut.
Papier ist reißfest wie Pergament, schrumpft bis 20 x 28 cm zusammen.
Oberfläche glatt, in sich gemustert wie Sägemehl.
Farbton dunkel, Anthrazit, etwa RAL 7016.
Durch den Anteil der langfaserigen Stiele eignet sich der Parasolpilz sehr gut zu Pilzpapier. Obwohl die Pilzmasse beim Gießen hell ist, wird das Papier, wenn es fertig ist, dunkel.

Versuch, Pilzpapier aus Parasolpilzen (Magrolepiota procera) herzustellen. Die helle Pilzmasse wird ohne Zusätze nach dem Trocknen und Pressen dunkel, hier nach dem Gießen vor dem Pressen.

Versuch: Birkenporling (Piptoporus betulinus)
600 g Trockenpilzmasse vom Vorjahr, ohne Huthaut und ohne Futter für **7 Bogen Papier.**
Papier gießen auf Sieb DIN A4.
Papier ist sehr stabil, etwas dicker (0,8 mm bis 1,0 mm), schrumpft nach dem Pressen auf 19 X 27 cm zusammen.
Oberfläche glatt, in sich leicht gemustert.
Farbton hell, Elfenbein, etwa RAL 1015.
Durch das Entfernen von Huthaut und Futter steht ein reines weißes Pilzmaterial zur Verfügung und ergibt zum Schluss ein sehr schönes weißes Pilzpapier. Bei dieser Pilzmasse ist eine intensive Zerkleinerung mit dem Mixer nötig, da sonst später jedes ganze Stück vom Pilz in der fertigen Papierfläche störend hervortritt.

Versuch: Birkenporling (Piptoporus betulinus)
560 g Frischpilze für 6 Bogen Papier.
Papier gießen auf Sieb DIN A4.
Papier ist sehr stabil, etwas dicker (0,8,mm bis 1,0 mm), schrumpft nach dem Pressen auf 19 X 27 cm zusammen.
Oberfläche glatt, etwas mehr strukturiert.
Farbton hell, cremefarben, etwa RAL 9016.
Da zur Herstellungszeit im August keine Frischpilze mehr zu haben waren, hatten die Pilze aufgrund fehlender Frische so gut wie keinen Wassergehalt mehr. Die Hutoberhaut und das Futter wurden sauber entfernt, zuerst in der Presse zerkleinert und dann mit Wasser über Nacht eingemaischt. Schließlich wurden sie im Mixer zu breiiger Masse zerkleinert, noch etwas Wasser zugesetzt und gegossen. Die gegossene Masse geht leicht vom Sieb ab.

Papier aus Birkenporling, Frischpilze mit Oberhaut und Futter.

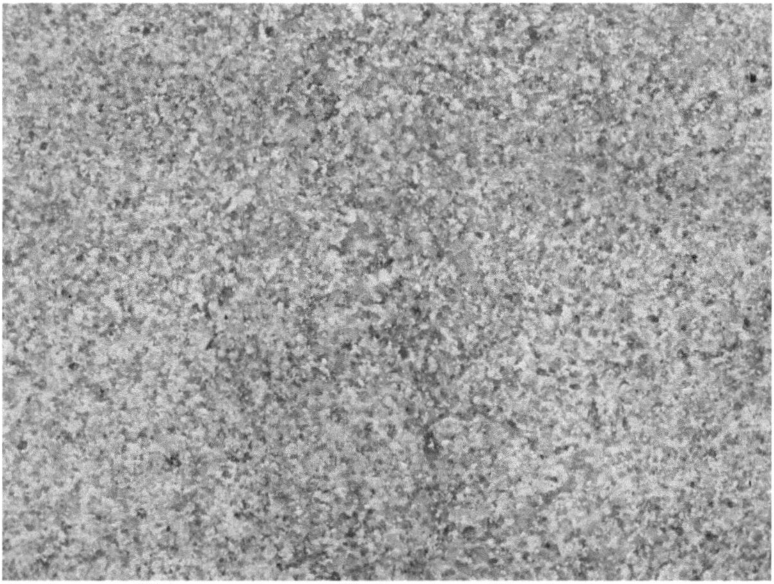

Papier aus Birkenporling mit Futter ohne Oberhaut.

Papier aus Kiefernbraunporling (Phaeolus schweinitzii).

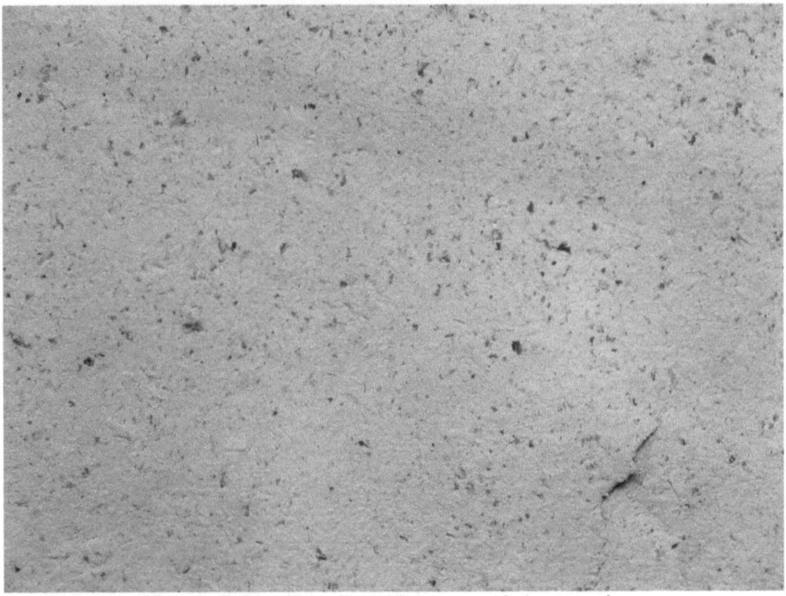

Papier aus Schwefelporling (Laetiporus sulphureus).

Versuch: Verschiedene Täublingsarten
700 g Frischpilze für 3 Bogen Papier.

Bei Täublingen wurden fünf Versuche durchgeführt.
Gießen auf Sieb DIN A4.
Nur Verwendung ganzer Fruchtkörper.
Papier ist fest, fühlt sich ölig an, lässt sich schlecht vom Sieb lösen, pergamentartig.
Nach dem Trocknen schrumpft es unterschiedlich stark auf 18 x 24 bis 19 x 28 cm zusammen.
Farbton dunkel, grau, etwa RAL 7026, granitgemustert.
Die eingemaischte Pilzmasse fühlte sich an, als ob Kleber beigemengt ist. Die Masse ist sehr schmierig und deshalb schwer von den Sieben zu lösen.

Versuch Kiefernbraunporling (Phaeolus schweinitzii)
650 g Frischpilze für 5 Bogen Papier.
Gießen auf Sieb DIN A4
Fruchtkörper mit allen Bestandteilen verwendet, mit der Presse zerkleinert, über Nacht eingemaischt, mit Mixer zerkleinert, mit Wasser zu breiiger Masse verdünnt und mit Handmixer gut vermischt. Das Gießen geschieht auf die übliche Art und Weise. Zuerst ist das Papier mittelfest, hat aber keine bestehende Festigkeit. Später ist es sehr brüchig und deshalb nicht zu empfehlen.
Farbton gleichmäßig blassbraun, etwa RAL 8025.
Gut vermengt und bei 4 mm Stärke nach dem Trocknen und Pressen auf 19 x 27 cm geschrumpft.
Obwohl aus diesem Porling ein sehr schönes, im Farbton abstechendes Papier entsteht, ist dieser Porling zum Papiergießen leider ungeeignet, da das Papier sehr leicht auseinanderbricht.

Versuch: Shiitake (Lentinus edodes)
500 g Frischpilze für 2 Bogen Papier.
Gießen auf Sieb DIN A4.
(Es wurden mehrere Versuche durchgeführt.)
Verwendet wurden alle Bestandteile des Pilzes. Sie wurden mit der Presse zerkleinert, über Nacht eingemaischt, nach Wasserzugabe mit dem Handmixer zu einer breiigen Masse verrührt und anschließend gegossen. Shiitake lässt sich gut vom Sieb lösen (anders als z. B. Täubling). Die Masse schrumpfte auf 17 x 26 cm zusammen.
Das Papier ist aufgrund der faserigen Stiele sehr fest.
Farbton umbragrau, etwa RAL 7022.
Bei längerem Lagern ist ein Einspannen sinnvoll, denn es kann am Rand wellig werden.

Versuch: Samtige Tramete (Trametes pubescenes)
550 g Frischpilze für 3 Bogen Papier.
Gießen auf Sieb DIN A4.
Vorbehandlung: Erstens mit der Presse zerkleinern, ohne Trocknen, anschließend durch den Fleischwolf drehen, weiter mit Wasser einmaischen und über Nacht quellen lassen.
Am nächsten Tag Wasser nach Gefühl zugeben und mit dem Handmixer vermengen. Dann mit Spachtel auf dem Sieb ca. 3 mm dick auftragen, anschließende Weiterbehandlung und Pressen wie schon bekannt.
Das Papier ist 0,8 bis 1,0 mm dick, sehr fest, glatt und sieht ähnlich wie Kork in der Struktur und Farbe aus.
Die Saugtücher gegen Zeitungspapier oder Küchenkrepp austauschen.
Es ist eine Porlingsqualität. Faltbar ist das Papier nicht, bei den nächsten Versuchen wird Kleber wie bei Zunderschwamm zugefügt.

Versuch: Rotrandiger Baumschwamm (Fomitopsis pinicola)
200 g getrocknete Porlinge für 6 Bogen Papier.
Porlinge wurden mit der Presse zerkleinert und im Trockengerät getrocknet. Danach wurden sie in der Schlagmühle zu Wolle geschreddert. Ungefähr 200 g Trockenmasse wurden acht Tage eingeweicht. Anschließend wurden sie ohne Zusätze auf Sieb DIN A4 gegossen. Zuletzt erfolgte die Weiterbehandlung wie beim Zunderschwamm. Die Stärke betrug etwa 1,0 mm bis 1,2 mm.
Die Struktur ist ähnlich wie gemahlener Kork. Das Papier ist nicht faltbar, weist jedoch ansonsten eine ausreichende Festigkeit auf. Die Oberfläche ist glatt und hell. Vorteilhaft wäre bei diesem Porling ebenfalls die Zugabe der gleichen Menge Kleister wie beim

Zunderschwamm. Dadurch würde die Festigkeit des Pilzpapiers noch verbessert.
Farbton braunbeige, etwa RAL 1011.

Versuch: Schwarzer Feuerschwamm (Phellinus trivalis)
200 g Trockenmasse für 5 Bogen Papier. Verwendet wurden zwei frische Fruchtkörper. Die Kruste wurde abgeflext, in Scheiben geschnitten und mit der Presse zerkleinert. Danach wurde die Masse im Trockengerät getrocknet und anschließend mit der Schlagmühle geschreddert.
Die Masse wurde dadurch feiner und wattiger als bei Zunder.
Die geschredderte Wolle wurde in 4 l heißes Wasser, gegeben (genau wie bei Zunderschwamm) und zwei Tage stehen gelassen. Anschließend wurden 20 g Tapetenkleister in 0.75 l Wasser eingerührt und vermixt. Die Vorbehandlung ist dieselbe wie bei Zunderschwamm, nur ohne das Kochen. Wasser sollte nur nach Gefühl zugegeben werden.
Gießen auf Sieb DIN A4.
Das Papier/ Pappe ist mittelfest (Zunderpapier ist fester!)
Falten ist nicht möglich. Die Struktur ist sehr fein, ohne erkennbare Teile, fast wie feines Sägemehl.
Farbton ähnlich Perlgold, etwa RAL 1036.
Eine Schrumpfung nach dem Pressen ist nicht erkennbar.

Versuch: Grauer Feuerschwamm (Phellinus igniarius)
Die Verarbeitung einschließlich der Vorbehandlung ist mit dem schwarzen Feuerschwamm gleichzusetzen und wird hier nicht extra aufgeführt.

Das Papier hat die gleichen Eigenschaften und ist nur unwesentlich heller. Die sägemehlartige Struktur ist mit dem Phellinus trivalis zu vergleichen.

Versuch: Samtfußkrempling (Paxillus atrotomentosus)

1500 g Frischpilze für 2 Bogen Papier.

Die Pilze wurden mit der Presse zerkleinert und nur mit wenig Wasser eingemaischt, da die Pilze von sich aus schon viel Wasser enthalten.

Mit dem Handmixer zu einer breiigen Masse verrührt und ohne Zusätze wurden sie auf dem Sieb DIN A4 gegossen. Da die Pilzmasse mit Abstand von allen vorher genannten die dünnflüssigste ist, muss nach dem Auftragen sehr vorsichtig vorgegangen werden, Die Masse wurde nur ca. 3 mm dick gegossen. Sofort wurde ein Saugtuch oben aufgelegt, um etwas Wasser abzusaugen. Die Masse ist sehr schleimig, es tropft ganz wenig Wasser nach unten ab. So muss ganz vorsichtig der Rahmen gedreht und auf das untere Saugtuch auf der Holzplatte gelegt werden. Nach zweimaligem Wechseln der Saugunterlagen wurden die Bögen in der Presse über Nacht gepresst. Vier Tage dauerte die Press- und Trockenzeit.

Die Bögen sind auf 18 cm x 26,5 cm geschrumpft. Das Papier ist fest, faltbar und fühlt sich angenehm an. Farbton: umbragrau, etwa RAL 7022. Das Papier ist schlicht, ohne Struktur oder Maserung.

Versuch: Grünblättriger Schwefelkopf (Hypholoma fasciculare)

500 g Frischpilze für 3 Bogen Papier

Verwendet wurden ganze Fruchtkörper. Sie wurden mit der Presse zerkleinert und mit ca. 0,5 l Wasser über Nacht eingemaischt. Mit einem Küchenmixgerät wurden sie zu einer breiigen Masse zerkleinert und

ohne weitere Zusätze auf ein DIN A4-Sieb mit 4 mm Stärke aufgetragen
Das Gießen ging gut und die gegossene Masse ließ sich gut vom Sieb lösen. Die nachfolgenden Trocken- und Presszeiten sind wie bei allen zuvor beschriebenen Papieren gleich. Durch die Verwendung von Frischpilzen ist das Schrumpfen bei den einzelnen Arten unterschiedlich. In diesem Fall war das Endprodukt auf 18 cm x 23 cm zusammengeschrumpft.
Farbe: Anthrazit, etwa RAL 6007.

Versuch: Schwefelporling (Laetiporus sulphureus)
1080 g (1 Fruchtkörper) für 7 Bogen Papier.
Wieder wurde der Fruchtkörper mit der Presse zerkleinert und unmittelbar danach mit 0,6 l Wasser über Nacht eingeweicht. Am nächsten Tag wurde er mit dem Küchenmixgerät zu einer breiigen Masse zerkleinert. Die gießfertige Masse wurde ohne weitere Zusätze ca. 3 - 4 mm dick auf ein DIN A4-Sieb gegossen. Das Wasser lief sehr gut ab. Nach dem Gießen verlief die Arbeit weiter wie bei den anderen beschriebenen Pilzpapieren. Abends wurde in der Presse zuerst mit leichtem Druck angepresst, damit das Wasser entweichen kann. Am dritten Tag wurden die Saugtücher entfernt und gegen Küchenkrepp ausgetauscht. Nach acht Tagen waren die Bögen trocken. Das Papier war 0,8 - 1,0 mm dick, elfenbeinfarbig und glatt. Die Festigkeit erwies sich leider als die schlechteste aller gegossenen Papierarten. Man kann das Papier fast nicht anfassen, da es ganz leicht zerbricht und zerfällt.
Fazit: Schwefelporlinge eignen sich nicht zur Papierherstellung. Schade bei dieser schönen Struktur! Es gibt jedoch eine Möglichkeit, das Papier zu verwenden. Ich erinnere mich an die Mangelzeiten der DDR, als in allen Belangen Material eingespart wurde. Es gab damals ein sogenanntes Microfurnier in der Möbelindus-

trie, wo die Hölzer nur 0,2 mm dick gemessert wurden und maschinell auf die Rückseite Papier geklebt wurde, um Festigkeit zu erreichen. Dasselbe kann mit dem Papier des Schwefelporlings ebenfalls geschehen, was auch erfolgreich praktiziert worden ist. Ein selbstklebendes, neutrales, weißes Papier wurde dazu in der Presse mit Druck aufgeklebt. Einen Kleber hingegen auf das Pilzpapier aufzutragen ist nicht möglich. Auf diese Weise ist das Papier zu Collagearbeiten zu verwenden.

Verschiedene Collagearbeiten aus Pilzpapieren.

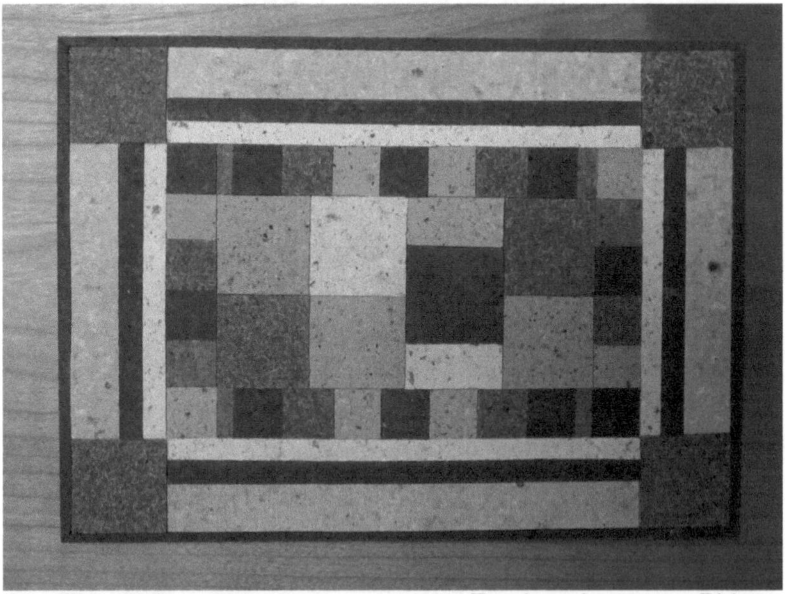

Die Einzelteile stammen u. a. von Zunderschwamm, Birkenporling, Schwefelporling, Schwarzem Feuerschwamm, Kiefernbraunporling und Grauem Feuerschwamm.

Die Einzelteile aus Papier von an Holz wachsenden Porlingen.

Verschiedene Porlinge und Täublingsarten ergeben einen Hell-Dunkel-Kontrast.

Bei dieser Collage sind Täubling, Kiefernbraunporling, gemusterter Birkenporling Parasolpilz, Rotrandiger Baumschwamm, Zunderschwamm, schwarzer Feuerschwamm, Samtige Tramete sowie Schwefelporling enthalten.

Die Papiere aus den verschiedenen Pilzen ergeben überwiegend dunkle Farbtöne. Einen bestimmten praktischen Verwendungszweck gibt es außer bei Zunderschwamm und Birkenporling wohl kaum. Ich kann mir keinen vorstellen! Eine andere Verwendung als zu Bildern und Schmuckgegenständen ist doch wohl sehr begrenzt. Ein Hobby mit vielen Möglichkeiten für Pilzfans und Bastler wird es aber immer bleiben. Man kann die Palette noch beliebig mit weiteren Pilzen erweitern!

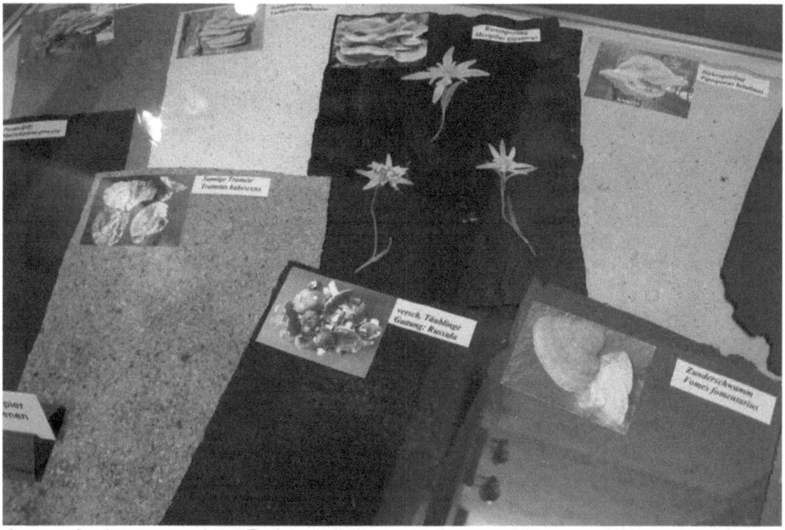

Ausschnitt aus der Schauvitrine meiner eigenen Pilzausstellung „Wunderbare Welt der Pilze an Holz und Bäumen".

Versuch: Riesenporling (Meripilus giganteus)
1500 g Frischpilz(e) für 4 Bogen Papier

Die in der Presse zerkleinerten Blätter wurden mit wenig Wasser vermischt und durch den Fleischwolf gedreht. Über Nacht maischte ich sie ein. Die Zerkleinerung der Blätter ist recht einfach. Anschließend wurde noch etwas Wasser zugegeben und das Ganze mit dem Handmixer vermengt. Ohne das Zugeben von Zusatzstoffen wurde es auf ein DIN A4-Sieb ca. 4 mm stark aufgetragen.

Die Masse lässt sich schlecht auf dem Sieb verteilen. Sie zieht sich immer weg. Auf die gegossene Fläche wurde ein Blumenmotiv gelegt. Diese wurde in der Presse bei mittlerem Duck mit eingepresst.

Nach den üblichen sieben Tagen ergab dies ein schönes Bild mit eingepressten Edelweißblüten.

Das Papier ist gleichmäßig dunkel, ähnlich der Farbe von Kaffee, fest und nur etwa 0,8 - 1,0 mm dick. Aus den Blättern des Riesenporlings lassen sich die schönsten Gestecke herstellen, sofern die Masse vorsichtig und langsam getrocknet wird. In Verbindung mit Zunderschwamm können fantasiereiche Gebilde entstehen.

Birkenporling und Zunderschwamm sind gut geeignet für eigene Visitenkarten. Zur Beschriftung wird wegen der rauen Oberfläche ein Prägewerkzeug eingesetzt. Damit kann in allen Farbtönen die Beschriftung gestaltet werden.

»Es brennt wie Zunder« – Feuermachen mit Zunder.

Diese Redewendung wird oft angewendet, obwohl der wahre Sinn dahinter nicht erkannt wird. Jeder, der Zunder kennt, weiß, dass der Zunderschwamm nicht brennt, sondern nur glimmt. Mit einem glimmenden Zunder kann man kein Feuer entfachen, dazu braucht es ein leichtes und weiches Material, was den Funken aufnimmt und letztlich eine Flamme entstehen lässt.

Schwefel ist dabei eine Hilfe. Taucht man Holzspäne in Schwefel und hält sie an den glimmenden Zunder, ergibt dies sofort eine Flamme.
Das Glimmen kann aber auch tückisch sein. Wird nicht erkannt, dass am Zunder noch eine winzige Stelle klimmt, kann dadurch leicht ein Brand entstehen, wenn brennbare Gegenstände in der Nähe sind. Daher stammt wohl auch die Redewendung, es brenne wie Zunder. Die Glimmstelle geht nie von allein aus, worin die Gefahr besteht.
Mir stellte sich nun die Frage, wie früher in Zeiten ohne Feuerzeug und Streichholz der Zunder zum Glimmen gebracht wurde. Ich stieß dabei in der Literatur auf den Hinweis, dass das Feuer schlagen die älteste Art der Erzeugung von Funken und Feuer ist. Die früheste Methode war hierbei das Schlagen mit Feuerstein gegen eine Pyritknolle, um Funken zu erzeugen. Der darunter liegende Zunderschwamm war dabei ein wichtiger Funkenfänger, womit dann mit der weiteren Behandlung ein Feuer entstand.
Eine Feuerstelle anzulegen, einschließlich der Vorbereitungen, war damals für die Menschen eine lebenswichtige Aufgabe und gerade deshalb war es wichtig, die Feuerstelle so lange wie möglich zu erhalten.
Immer wieder wird in diesem Zusammenhang Ötzi, der bekannte Mann aus dem Eis, der ca. 3200 bis 3300 v. Chr. lebte, genannt. Er besaß nämlich ein komplettes Schlagfeuerzeug, bestehend aus Pyritknolle, Feuersteinschläger und Zunderschwamm, was er in einem Lederbeutel mit sich trug.
Erst mit dem Beginn der Eisenzeit, ca. 800 v. Chr., änderte sich die Art der Feuererzeugung. Man war bald so weit, dass man härtbaren Stahl herstellen konnte. Der Feuerstahl war erfunden und dieser ersetzte schließlich den Pyrit. Der Feuerstein wurde mit

dem Feuerstahl geschlagen, wobei Funken entstanden, die den Zunder zum Glimmen brachten.

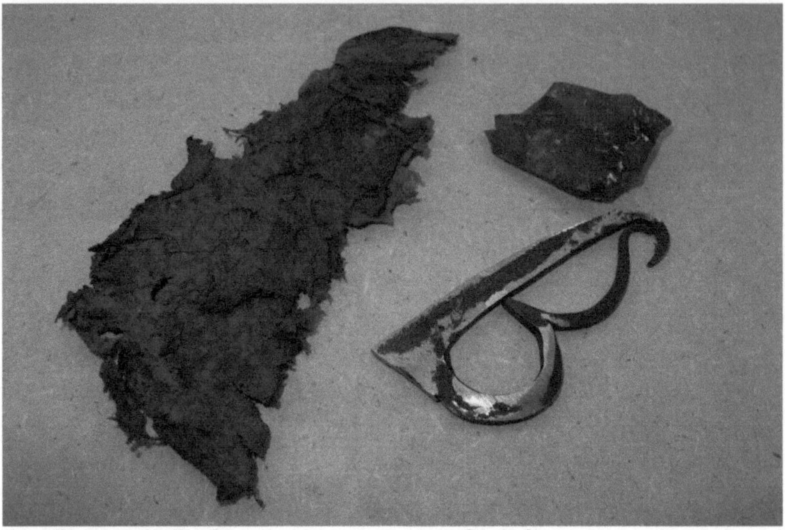

Die Bestandteile für ein sogenanntes Steinfeuerzeug, bestehend aus dem Feuerstein, dem geschmiedeten Feuerschlagstahl, und dem Zunderschwamm als Funkenfänger und Flammenquelle.

Das Feuerschlagen mit dem Steinfeuerzeug braucht etwas Übung. Auch den Zubehörteilen und ihrer Anwendung muss besondere Beachtung geschenkt werden. Verwendet wird dieser immer nur in einem etwa kirsch- bis pflaumengroßen Stück, was stets abgerissen und nicht abgeschnitten werden darf. Dadurch entsteht eine faserige Kante, die die Funken besser auffangen kann.

Der Feuerstein.

Beim Feuerschlagen mit Feuerstein ist besonders darauf zu achten, dass immer eine sehr scharfe Kante zur Verfügung steht. Diese scharfen Kanten kommen im Naturzustand allerdings nicht vor. Schon beim

Feuersteinspalten sollten diese entstehen, worauf dann der Zunderlappen beim Feuerschlagen gelegt wird. Ein Feuerstein ohne scharfe Kanten kann keine Funken vom Stahl bilden.

Das Feuerschlagen hängt in erster Linie vom Stein ab. Wenn durch das Schlagen mit dem Stahl die Kante des Feuersteins nicht mehr die erforderliche Schärfe hat, kann man sich helfen, indem die Kante nachgespalten wird. Einfach geht dies mit einem Handschleifer, mit einer leider nicht ganz billigen diamantbestückten Schleifscheibe. Eine solche Schleifscheibe bekommt man im Baumarkt für ungefähr 20 Euro.

Mit einem Schliff im stumpfen Winkel ist der Stein noch für einige weitere Nutzungen zu erhalten. Das Anschleifen einer zu scharfen Kante ist zu vermeiden, denn je länger man eine Kante scharfschleift, umso mehr nimmt die Festigkeit des Steins ab und die Kante hält somit weniger Schläge aus. Die beste und billigste Möglichkeit bleibt natürlich immer ein neuer gespaltener dunkler Feuerstein, denn die dunklen Steine sind die besten und halten die Schärfe am längsten. Ist die Möglichkeit vorhanden, immer neue Feuersteine zu beschaffen und zu spalten, kann man die Investition eines Schleifers umgehen.

Mit einer diamantbestückten Schleifscheibe lässt sich ein Feuerstein im stumpfen Winkel nachschärfen.

Je schärfer die Schlagkante, desto besser und kräftiger sind die Funken. Aufgrund unterschiedlicher Beschaffenheit verschiedener Feuersteine, ist nicht jeder Stein in der Lage, Funken vom Stahl abzuschaben. Wichtig ist die Erkenntnis, dass »nicht der Stein, sondern der Stahl die Funken ergibt«.
Feuersteine oder Flintsteine, wie sie auch genannt werden, kann man an vielen Ostseeküsten in großer Vielfalt finden. Leider ist es nicht jedem vergönnt, diese Steine zu sammeln. Der große Nachteil dabei ist, dass die Steine durch ihr großes Gewicht schwer zu transportieren sind.

Eine unvorstellbare Auswahl an Feuersteinen aller Größen, Formen und Qualitäten ist an vielen Ostseestränden zu finden.

Scharf gespalten sind die Feuersteine in einer handlichen Größe ideal zum Feuerschlagen mit dem Stahl vorbereitet.

Der Feuerstahl und das Feuer schlagen.

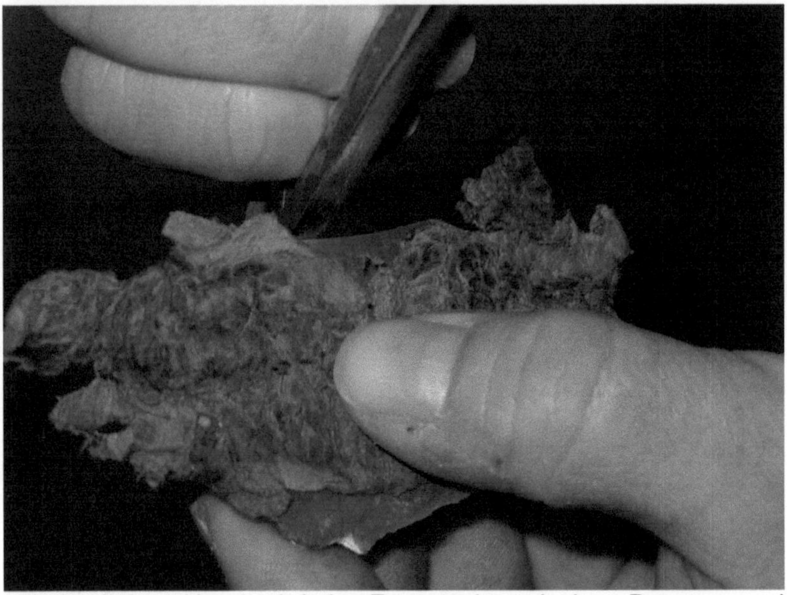

Mit der linken Hand wird der Feuerstein zwischen Daumen und Zeigefinger gehalten. Gleichzeitig hält man auf der Oberseite den Zunderschwamm etwa 3 mm von der Schlagkante zurück. Der Stahl wird in schlagend-ziehender Bewegung kräftig von oben nach unten bewegt, um dabei die vom Stahl abgeschabten glühenden Späne als Funken auf den Zunder zu bringen. Durch leichtes Anblasen einer entstandenen Glimmstelle hat man sein Ziel erreicht. Beim ersten Mal wird es nicht gleich gelingen, aber Übung macht den Meister!

Unbedingt zu beachten ist auch, dass die Schlagkante des Feuerstahls sehr glatt ist und keine Scharten aufweist, denn diese würden den Stein noch schneller verschleißen lassen und zudem die Funkenbildung verhindern.

Feuerstahl besteht aus kohlenstoffreichem, gehärtetem Carbonstahl. Der Stahl muss keine bestimmte Form haben. Sie sollte lediglich handlich und griffig sein. Die Größe liegt bei ca. 80 bis 100 mm

Länge und etwa 40 mm Höhe. Ein Feuerstahl kann aus folgender Stahlsorte geschmiedet, oder ausgelasert werden:
C 100 Carbonstahl 1095 / 4 mm Stärke. Meistens sind die Feuerstähle geschmiedet, aber neuerdings können aus dem Material in Flachform auch ausgelaserte Schlagstähle hergestellt werden.
Das Material muss nach dem Schmieden oder Lasern noch gehärtet werden. Er muss dazu eine Härte von ca. 65 (HR = Härte nach Rockwell) haben, um richtige Funken zu bilden. Oft wird gesagt, eine alte Feile tue es auch. Diese Behauptung ist durchaus möglich, doch auch Feile ist nicht gleich Feile! Es gibt auch für Feilen zahlreiche verschiedene Stahlsorten, die sich dementsprechend qualitativ unterscheiden.

Feuer mit Zunderwolle, Pyrit und Feuerstein.

Eine etwas andere Art des Feuerschlagens soll ebenfalls erwähnt werden: das Schlagen mit Pyritstein (Katzengold) und Feuerstein.
Die aus gebeizter Trama vom Zunderschwamm hergestellte Zunderwolle wird in einer nicht brennbaren Schale bereitgestellt. Der Pyritstein wird mit der linken Hand darüber gehalten und mit einem Feuerstein von oben nach unten geschlagen.
Die erzeugten Funken springen dabei nach unten auf die darunter befindliche Zunderwolle. Der hierzu verwendete Feuerstein braucht keine scharfen Kanten wie beim Schlagen mit dem Schlagstahl. Dabei kann der Feuerstein in einer länglichen Form mit abgerundetem Kopf oder in ein Hirschgeweih als Griff eingearbeitet verwendet werden.
In der Regel erreichen die Funken den Zunder immer und lassen eine Glimmstelle entstehen.

Feuer mit Zunderwolle, Feuerstein und Stahl.

Die Erzeugung von Funken mit Zunderwolle, Stahl und Feuerstein geschieht auf umgekehrte Weise. Die Zunderwolle liegt wieder in einer Schale. Allerdings wird hier der Stahl in die linke Hand genommen und der scharfe Feuerstein mit der rechten Hand von oben nach unten vom Stahl abgeschabt. Die Funken landen dabei wieder auf der Zunderwolle. Aus der dabei entstehenden Glimmstelle muss genau wie bei der vorangegangenen Methode mit brennbarem Material eine Flamme entfacht werden.

Feuer mit dem Schiefen Schillerporling.

Eine völlig andere und bei uns weniger bekannte Art des Feuermachens besteht aus der Verwendung des weniger bekannten »Schiefen Schillerporlings« (Inonotus obliquus). Zum einen ist dieser Porling sehr selten. In mittleren bis niedrigen Lagen ist er kaum zu finden. Der Porling braucht kalte Wachstumsbedingungen.
Da dieser Porling, falls er dennoch greifbar ist, einfach zu schade ist, um ihn zum Feuermachen zu verwenden, wird eher der Zunderschwamm genutzt. Er steht zumindest in unseren Regionen reichlicher und billiger zur Verfügung. Doch gerade in kalten Regionen, wie Russland, Sibirien, Polen oder auch an der (deutschen) Ostseeküste und im Bayrischen Wald kommt dieser Porling durchaus häufiger vor und ist dort auch als Heilpilz sehr geschätzt. Da in der Literatur nichts über die Verwendung des Schiefen Schillerporlings zu finden ist, muss ich auf eigene Erfahrungen zurückgreifen. Mir ist bekannt, dass die »Samen« früher von den Bewohnern Lapplands in deren Jurten zum Feuermachen nutzten.

Der Grund dafür liegt in der geographischen Lage. In den nördlichen Gebieten der Lappländer ist der Schiefe Schillerporling ein Allhausmittel – sowohl als Hausmedizin als auch zum Feuermachen mit Stein und Stahl (wie beim Zunderschwamm). Die aufwendige Vorbereitung, wie sie beim Zunder nötig ist, entfällt beim Schiefen Schillerporling.
Auch in dieser Hinsicht hat also der Porling hervorragende Eigenschaften. Von dem inneren, rötlichen und weichen Material werden etwa 1 cm dicke Scheiben abgetrennt und getrocknet. Schiefer Schillerporling lässt sich übrigens sehr leicht schneiden. In der gleichen Art wie Zunderwolle mit Pyrit und Feuerstein wird auch dieser Porling zum Glimmen gebracht. Das Funkenerzeugen mit Stein und Stahl war übrigens auch gebräuchlich. Jeder noch so kleine Funke, der sich auf dem Material fängt, geht nie wieder aus. Genau wie Zunder ist also auch der Schiefe Schillerporling sehr leicht entzündbar.
Wenn der Porling hier in Deutschland dennoch gefunden wird, ist eine Verwendung als Heilpilz oder als Tee empfehlenswerter. Der Preis spielt dabei auch eine entscheidende Rolle.

Schiefer Schillerporling (Inonotus obliquus) aus Skandinavien, aus dem finnischen Norden.

Die rötliche Innenschicht eignet sich neben vielen weiteren Verwendungsmöglichkeiten gut als Heilpilz oder zum Feuermachen. Die Kruste ist als wohlschmeckender Tee gut verwendbar.

Beinahe könnte man die Knolle an Birke mit dem echten Schiefen Schillerporling verwechseln. Es handelt sich jedoch nur um eine Wucherung.

Ein echter Schiefer Schillerporling an einer Birke am Straßenrand im Kurischen Nehrungswald an der polnischen Ostseeküste.

Wie bei allen anderen vorher gezeigten Methoden muss die Glimmstelle mit leicht brennbarem Material zu einer Flamme entfacht werden.
Nach dem Entzünden und Feuermachen muss der Porling, wenn er wieder verwendet werden soll, sofort in Wasser getaucht und abgelöscht werden. Ein leichtes ausdrücken oder nicht zu intensives Löschen kann böse Folgen haben.
Eine in unseren Wäldern oft gefundene Wucherung an Birken sieht dem echten Schiefen Schillerporling täuschend ähnlich (siehe Bild). Wenn das Gebilde vom Stamm entfernt werden soll, merkt man den Unterschied, denn unter der rissigen Kruste findet man eine sehr schöne Maserknolle aus Birkenholz. Die äußere Kruste dieser Knolle getrocknet und zu Pulver gemahlen, ist im Aussehen, Geruch und Geschmack dem des echten Schiefen Schillerporlings ungemein ähnlich. Ein daraus hergestellter Tee ist vom Geschmack des Schiefen Schillerporlings kaum zu unterscheiden (selbst getestet!)

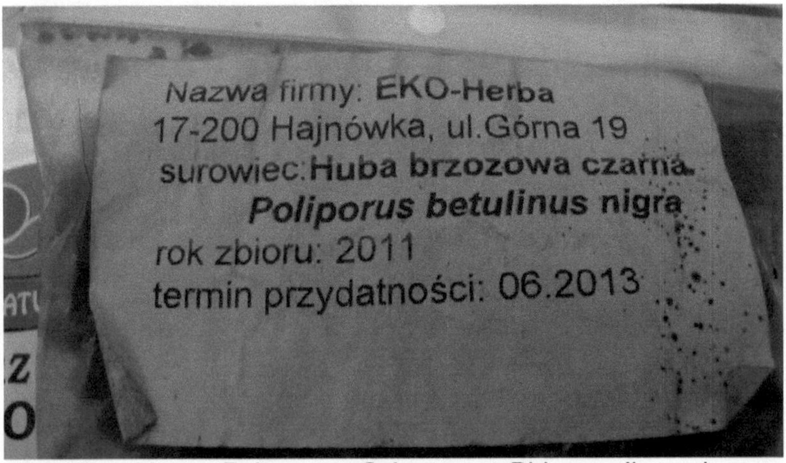

50 g gemahlenes Pulver aus Schwarzem Birkenporling, wie man in Polen dazu sagt (bei uns Schiefer Schillerporling), kostet 20 Sloty. Das Foto stammt von den Masuren in Polen.

In den Masuren in Polen, im Nationalpark Bialowice, wurde Pulver vom echten Schiefen Schillerporling zum Kauf angeboten. Das Bild auf der vorangegangenen Seite zeigt, dass der Porling dort Piptoporus petulinus heißt und auf Nachfrage danach war die Antwort, dass es sich um den Schwarzen Birkenporling handele und er so von Einheimischen genannt werde. Ich verglich ihn mit der auf vorangegangener Seite beschriebenen Wucherung einer Birke (von mir als »Falscher Schillerporling« bezeichnet). Es ergab sich, dass beide in Aussehen und Geschmack (als Tee zubereitet) nur schwer zu unterscheiden sind. Ob hier irgendein Zusammenhang besteht? Das ist noch nicht erforscht! Bei einer Reise in diese Gegend, war immerhin festzustellen, dass auch der »echte« Schiefe Schillerporling öfters an Birken zu finden ist.

Utensilien zum Feuermachen: Zunderwolle, Schlagstein im Hirschhorngriff, Pyritknollen, Feuersteine, Zunderschwammlappen und wichtig zum Entzünden vom Schiefen Schillerporling: Schutzhandschuhe.

Von der Glimmstelle zur Flamme.

Wie bereits erwähnt, kann mit einer stecknadelkopfgroßen Glimmstelle noch kein Feuer entfacht werden. Auch mit einem Schwefelholz allein gelingt dies nicht. Sogenannte Schwefelhölzer sind Weichholzhölzer, die in flüssigen Schwefel getaucht werden, ähnlich wie heutige Zündhölzer. Hält man nun das Schwefelholz an die Glimmstelle, entzündet sich augenblicklich eine Flamme.

Alternativ zum Schwefelholz können unter anderem dünne Schichten getrockneter Birkenrinde, Wollgras oder trockene Gräser zum Entfachen einer Flamme verwendet werden. Sie werden an den glimmenden Zunder gehalten und unter vorsichtigem Anblasen entsteht ein Feuer. Dies muss erhalten werden, indem sehr vorsichtig etwas gröbere Zweige und Ästchen hinzugegeben werden, bis nach und nach ein brauchbares Lagerfeuer entsteht. Wenn sich unsere Altvorderen mit Zunder, Stein und Stahl eine Pfeife anbrennen wollten, ging das natürlich ohne Hilfsmittel. Hier war der Tabak der Zündstoff und der nötige Zug kam beim Rauchen! Die alten Pfeifenraucher wollten sich ohnehin den Geschmack nicht durch Zusätze wie etwa Schwefel verderben.

Methoden zum Feuer machen, auf die hier jedoch nicht weiter eingegangen werden soll, waren der Brennspiegel, pneumatische Pumpfeuerzeuge, Feuersäge oder der Feuerbohrer, den es in verschiedenen Varianten gab. Auch mit dem Feuerhobel gelang es, eine Flamme zu entzünden. Hier entstehen durch Reibung Hitze und Funken, die mit viel Ausdauer zu einer Flamme werden.

Feuer kann auch durch Elektrizität entstehen, was bekanntlich keine Erfindung des Menschen ist, sondern auch durch Naturgewalten, zum Beispiel bei einem

Gewitter mit Blitzschlägen hervorgerufen wird. Eine chemische Feuererzeugung entsteht zum Beispiel bei der Erhitzung von Stroh, Gras oder anderen pflanzlichen Substanzen. Unter anderem bei der Kompostierung entzünden sich die Pflanzenreste oftmals selbst, was sicher jeder schon einmal selbst beobachten konnte. Achtlos weggeworfene Putz- oder Polierlappen haben in holzverarbeitenden Betrieben nicht selten Brände mit erheblichen Schäden verursacht. Hierbei sind die chemischen Selbstentzündungen die Ursache. »Feuer ist Heilig, kann jedoch auch Teuflisch sein.«

Einige Historische Feuerzeuge.

Ein Feuerschlageisen aus dem 18. Jahrhundert mit Messingverzierung, die ist im Gegensatz zum Feuerstahl noch gut erhalten ist.

Ein sogenanntes steinzeitliches Taschenfeuerzeug aus dem 18. Jahrhundert mit einem Behälter zur Aufnahme von Zunder und Feuerstein. Oben ist der Feuerschlagstahl mit Messinggriff aufgesetzt.

Neu zusammengestelltes steinzeitliches Feuerzeug mit Zunderschwamm, zwei Feuersteinen, einem ausgelaserten Feuerstahl und Schwefelhölzern zum Entfachen der Glimmstelle. In der Metalldeckeldose gut verwendbar als Taschenfeuerzeug.

Steinschlagfeuerzeug in einfacher Ausführung aus rohem Eisen. Alles wurde in handwerklich von Hand geschmiedet.

Steinschlagfeuerzeuge wurden in verschiedenen Ausführungen angefertigt. Im Folgenden sind einfache, geschmiedete Arbeiten aus Eisen vom Anfang des 18. Jahrhunderts abgebildet. Alle Verbindungen wurden genietet, geschraubt oder geschmiedet. Die Schweißtechnik gab es damals noch nicht. Die Funktionsweise ist immer dieselbe. Der glimmende Zunder ist in dem Kästchen untergebracht, wo der Funke direkt durch die schlagenden Bewegungen hingeführt wird. Der Feuerstein wird durch eine Schraubklemme gehalten und durch eine federnde Wippe gegen die Reibefläche gedrückt. Mit dem Ziel, leichter Feuer machen zu können, hat man sich zur damaligen Zeit recht viel einfallen lassen und viel Arbeit dazu aufgewendet. Bemerkenswert dabei ist, dass stets der verwendete Feuerstein das entscheidende Material an solch einem Feuerzeug ist.

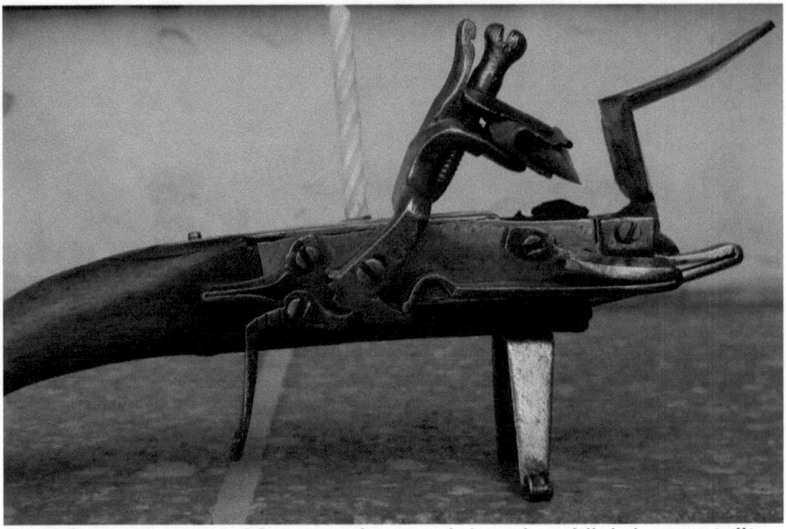

Tischfeuerzeug aus Museumsbestand, handwerklich hergestellt.

Ein weiteres mit viel Aufwand hergestelltes Tischfeuerzeug sei an dieser Stelle näher erklärt. Es handelt sich um eine Arbeit aus dem mittleren 18. Jahrhundert.

Man hat hier viel mehr Einsatz aufgewendet als bei dem vorhergehenden. Man arbeitete einen Griff aus Nussbaumholz aus und brachte einen seitlichen Kerzenhalter an, der die vorher durch Feuerstein und Zunder gebildete Flamme erhält. Diese Feuerzeuge sind als Schreibtischfeuerzeuge gedacht und die Kerze dient unter anderem zur Erhitzung des Siegelstempels für eine Briefversiegelung o. ä.

Die Funktionsweise ist dieselbe wie vordem, nur wird hier der glimmende Zunder von oben aus dem Behältnis entnommen, was einfacher ist. Es ist schade, dass aus damaliger Zeit keine Angaben mehr über die aufgewendete Arbeitszeit dieser heute bewunderten Gegenstände vorhanden sind. In jedem Fall war es eine große Leistung mit den zur damaligen Zeit zur Verfügung stehenden Mitteln

In dieser Vitrine liegt ein weiteres Tischfeuerzeug, welches wahrscheinlich für die bessere Gesellschaft bestimmt war. Der aufwendigen Ausführung nach ist es keine Einzelanfertigung. Alles ist sehr präzise und sauber angefertigt. Das Gerät samt Gehäuse ist aus Messingguss hergestellt. Funktionelle Teile, z.B. Federn, sind hingegen aus Eisen oder Stahl. Die Entstehungszeit dürfte um 1800 liegen.

Eine Neuheit der Feueraufbereitung.

Eine neue Erfindung aus der Zeit um 1834/35 sollte das Problem des oft mühsamen Feuermachens mit Zunder und Feuerstahl erleichtern. Ein unbekannter Erfinder brachte den sogenannten Reibzündschwamm auf den Markt. Die Erfindung geht mit den ersten Versuchen der Phosphorzündhölzer einher.

Die neue Erfindung Reibzündschwamm erscheint ca. 1834 /35 auf dem Markt.

Die neue Erfindung gab es in den Jahren 1834 /35. Zündmasse, die dem der Zündhölzer ähnlich war, wurde nicht auf Holzstäbchen, sondern auf einen anderen Träger aufgebracht war, wie hier den Zunderschwamm.

Der neue Reibzündschwamm war besonders beliebt bei den Tabakrauchern. Schließlich musste er nur an einem rauen oder harten Gegenstand gerieben werden und entzündete sich sofort. Gerade Raucher, die oft ein »Feuerzeug« brauchten, ersparten sich so das mühevolle Schlagen mit Stahl und Stein.

Allerdings brachte die neue Erfindung auch einige Nachteile mit sich. Einige Hinweise und Verbote sind in Mitteilungen von 1834/ 35 erschienen und weisen daraufhin, dass sich Reibezündschwämme vor allem durch die Reibung beim Transport leicht selbst entzündeten, wenn sie nicht richtig mit Sägemehl oder Kleie voneinander getrennt waren. Ein Versenden per Post und Bahn war daher schon bald verboten. Trotz-

dem war es eine erleichternde neue Erfindung, wenn sie auch noch nicht perfekt war.
Bereits Mitte der 1840er Jahre war der Verbrauch von Reibzündschwamm so groß, dass angeblich der größte Teil der geernteten Zunderschwämme zu diesem Zweck verarbeitet worden sein soll. Dafür fehlen jedoch eindeutige Belege. Bei eigenen Nachforschungen diesbezüglich wurde festgestellt, dass zum Beispiel in Neustadt am Rennsteig, ein damals bekannter Ort der Zunderverarbeitung, kein Reibezündschwamm hergestellt wurde. Möglich ist jedoch, dass nur der Ausgangsstoff des Artikels, die von den Schwammklopfern passend zurechtgeschnittenen Zunderstücke, an weiterverarbeitende Fabriken geliefert wurden, wo sie mit dem zündenden Material belegt, verpackt und in den Handel gebracht wurden. Als Hersteller für Reibzündschwämme ist mir nur eine einzige Firma bekannt: die chemische Fabrik von C. A. Buz in Augsburg. Es war der Anfang einer neuen Ära, als die heute bekannten Zündhölzer erst in der Erfindungs- und Entwicklungsphase standen.

Die Erfindung des Zündholzes oder Streichholzes.

Dem Zündholz bzw. Streichholz ging eine lange Entwicklung von fast 200 Jahren voraus. Einige Alchimisten und Chemiker unternahmen viele Versuche, bis das heute gebräuchliche Streichholz entstand. Der wichtigste Schritt der weiteren Entwicklung war die Entdeckung des weißen Phosphors, der auch die Grundlage für die eher zufällige Entdeckung von John Walker bildet. Am 27. November 1826 experimentierte der Apotheker John Walker (1781-1859) im englischen Stockton mit einem Stück Holz und einer Mischung aus Antimon Sulfid und Kaliumchlorat. Bei der Reibung an einer rauen Fläche entzündete sich das Gemisch durch Zufall. Das Streichholz war erfunden. Walker gilt seitdem als der Erfinder des Streichholzes. Im Jahr 1827 wurde das erste Zündholz von ihm auf den Markt gebracht. Seine Streichhölzer hatten zwar den Nachteil, dass sie unregelmäßig brannten und dazu noch bestialisch gestunken haben sollen, ein Fortschritt waren sie jedoch allemal. Leider hat sich der Erfinder seine Entdeckung damals nicht patentieren lassen, wodurch letztlich andere die Früchte seiner Arbeit ernteten.

Etwa fünf Jahre später wurde das Problem des unregelmäßigen Abbrennens und Gestanks durch den Franzosen Charles Sauria gelöst, indem er der Mischung Phosphor hinzufügte. Dies führte dann 1832 zur ersten industriellen Fertigung von Phosphorzündhölzern durch den Deutschen Jacob Friedrich Kammerer. Diese waren wiederum zu leicht entzündlich, wodurch es wiederum häufig zu Selbstentzündungen kam. Der ungarische Chemiker Janos Irnyi nahm sich 1836 dieses Problems an und beseitigte es. Bei der stetigen Weiterentwicklung bestand durch die Verwendung des weißen Phosphors für alle Beteiligten großes Gesundheitsrisiko. Die Zündhölzer wurden damals überwiegend in heimischen Wohnstuben verarbeitet. Nicht selten kochte und schlief man nebenan. Die logische Folge waren schlimme Krankheiten, wie zum Beispiel die »Phosphornekrose«. Diese führte zur Kieferknochenzersetzung und letztlich häufig zum Tod. Die Chemiker Gustaf Erik Pasch und Karl Lundström schafften es 1844, den weißen durch wesentlich verträglicheren roten Phosphor zu ersetzen. Auf dieser Grundlage und durch die heute bekannte Trennung von Zündkopf und Reibfläche (Streichholzschachtel) brachte der Deutsche Rudolf Christian Boettger 1848 eine erste Art des Sicherheitszündholzes in den Handel, welches beinahe unverändert noch heute gebräuchlich ist.

Das Ende des Schwammklopferhandwerks.

Der Welt wurde einerseits durch die Erfindung der Zündhölzer ein Produkt in die Hand gegeben, was damals eine nicht zu unterschätzende Erleichterung war und heute noch ist. Andererseits war dies der Todesstoß für die Schwammklopfer.
Man kann das Schwammklopfen sicher als ein Handwerk bezeichnen, ja in manchen Fällen sogar als ein Kunsthandwerk betrachten. Mitte des 19. Jahrhunderts verschwand es leider von der Bildfläche. Eine neue Erfindung löste damit ein altes Handwerk ab – keine neue Erfahrung!
Die Schwammklopfer standen vor einer ungewissen Zukunft. In den meisten Fällen führte das neue Streichholz zu ihrem Aus! In einigen Orten, wie zum Beispiel im Schwamm-Neustadt, entstanden damals kleinere Hersteller, die fortan die neuartigen Zündhölzer produzierten. Nebenher entwickelten die Leute damals die Herstellung von Holzspanschachteln. Darin wurden die Zündhölzer verpackt. So entstand das neue Gewerbe der »Spanschachtelmacher«, welches jedoch auch keine lange Lebenszeit haben sollte. Aus Fichten und Tannenholz wurden mit dem Ziehhobel, den zwei Mann bedienten, dünne Holzspäne abgetrennt, woraus dann in Heimarbeit mithilfe der gesamten Familie die Schachteln gefertigt wurden. Die Kinder mussten den aus Quark und Kalk gemischten Kleber anrühren und die Spanschachteln kleben, die später als Verpackung der Zündhölzer dienten. Es war eine aus der Not heraus geborene Beschäftigung und lediglich eine Übergangslösung. Die im kleinen Rahmen entstandene Zündholzheimindustrie war natürlich

schon bald nicht mehr konkurrenzfähig. Der enorme Bedarf war nur durch größere Industriebetriebe zu decken, die die kleinen Heimhandwerker bald verdrängten. Auch die kleinen Schachteln waren in weit größerer Zahl und damit viel billiger maschinell herstellbar. So war wiederum ein Gewerbe dem Untergang geweiht.
In der weiteren Entwicklung löste die neu entstehende Glasindustrie das Problem der Arbeitslosigkeit und brachte den Menschen wieder eine lohnende Beschäftigung. Nach und nach gingen so die Jahre ins Land. Natürlich gab es immer Schwammklopfer, die ihrem Handwerk treu blieben, letztlich jedoch in die Jahre kamen und ihr Handwerk ohne Nachfolger aufgaben. So ist bei dem stetigen Weitergang der Zeit das Handwerk der Schwammklopfer ganz leise und langsam ausgestorben. Es wurde erst so richtig bemerkt, als es keinen alten Schwammklopfer mehr gab und keiner mehr über dieses Handwerk erzählen konnte! Hier schließt sich nun der Kreis, wovon schon der Anfang dieses Buches erzählte. Damals dachte einfach kein Mensch daran, etwas über die Arbeitsweise des alten Schwammklopfers aufzuschreiben.

Restaurierung und Imprägnierung von Porlingen.

Außergewöhnlich schön gewachsene oder besondere Zier- und Schmuckstücke oder besonders erhaltenswerte Exemplare seltener, in der Natur vorkommender Gewächse müssen einer besonderen Behandlung unterzogen werden, damit ihre Haltbarkeit und Schönheit der Nachwelt noch lange als Anschauungsmaterial erhalten bleibt.
Alle Porlinge sind ein in der Natur gewachsenes und oft sehr poröses Gebilde. Um dieses für unsere Zwe-

cke zu erhalten sind folgende Schritte einer dauerhaften Imprägnierung durchzuführen:

1. Schritt. Es ist eine gründliche Reinigung aller Porlinge nötig. Dies muss unverzüglich nach der Ernte in der Natur geschehen. Das ist wichtig, damit die Poren im Fruchtkörper nicht zusammentrocknen und geschlossen werden. Eventuell in die Poren eingedrungene Insekten werden so wirksam entfernt. Der Trockenprozess geht sehr schnell, wenn der Porling frei vom Wirtsbaum ist.

Ein besonders schöner und nicht alltäglicher Fund einer Buckeltramete (Trametes gibbosa). Dieser Porling wurde als Anschauungsobjekt für das Rennsteigmuseum präpariert.

Insekten und Fliegen können die schönsten Arbeiten verderben und zunichte machen. Die Oberseite und besonders die Unterseite mit den Röhrenmündungen müssen sehr intensiv nach Insekten abgesucht werden. Mit einer Spitzpinzette kann bei Bedarf in die tiefen und schwer zugänglichen Stellen eingedrungen

und diese können so gründlich gesäubert werden. Unerlässlich bzw. sehr hilfreich ist dabei das Ausblasen mit einer Pressluftpistole.
Wenn dieser erste Schritt der Reinigung vollzogen wurde, ist **unmittelbar** im Anschluss eine erste Behandlung mit einem Mittel gegen Holzwürmern und Insekten durchzuführen. Um eine satte und wirkungsvolle Imprägnierung zu erreichen sollte das im Streichverfahren mit einem mittelweichen Flachpinsel geschehen.

Durch Einstreichen mit dem Flachpinsel wird das Holzwurm- und Insektenmittel beidseitig satt aufgetragen.

Hierbei kann zudem auch mit einer Spritzpistole nachgeholfen werden, um in die engen Zwischenräume zu kommen. Die Behandlung mit diesem Wurm- und Insektenschutzmittel, was übrigens auch gegen Holzbläue und Verfärbungen wirksam ist, sollte unmittelbar nach der ersten Reinigung geschehen, da zu diesem Zeitpunkt die Poren und Röhren noch offen sind. Es ist

logisch, dass die Flüssigkeit am Anfang der Behandlung besser eindringt und somit wirkungsvoller ist.
Wenn diese Arbeiten erledigt sind, ist die wichtigste Arbeit erst einmal geschafft. Danach beginnt die lange Trockenzeit – je länger, desto besser. Die Trocknung darf nicht an einem Ort mit voller Sonne durchgeführt werden, sondern sollte an einem schattigen, luftigen Platz (im Freien unter einer Überdachung) geschehen. Drei bis vier Wochen sollten aber unbedingt vorgesehen werden, was aber je nach Porlingsart, Größe und Stärke unterschiedlich sein kann.

Abgebildet sind Geräte wie Pressluftpistole, Spritzpistole mit einer Düse von mindestens 1,7 mm bis 2,0 mm, Holzwurm-»Ex«-Mittel, Zweikomponenten-Nitro-Klarlack und Lack mit Härter, wobei das Fabrikat nicht entscheidend ist. Einen mittelweichen Flachpinsel benötigt man für Imprägnierung und Lackierung.

Der Oberflächenschutz besteht aus einem Nitro-Mattlack (Zweikomponentenlack mit Härter). Dieser Lack ist besser geeignet als ein Nitrolack ohne Härter. Erster ist fester und hält gegen die Luftfeuchte besser

Stand. Der Lack sollte nicht zu fett aufgetragen werden, denn eine zu glänzende Oberfläche wirkt zu künstlich. Das Spritzen mit der Pistole ist hier am geeignetsten. Durch eine Behandlung mit Lack wird die Oberfläche zusätzlich verfestigt und gegen Insekten geschützt.

Das Restaurieren und Reparieren.

Bei der Arbeit mit erhaltenswerten Porlingen, etwa für Ausstellungen oder sonstige Schauobjekte, ist es durchaus möglich, dass bestimmte Stellen an den einzelnen Oberflächen ausgebessert oder vielleicht sogar ergänzt oder erneuert werden müssen.
Für derartige Arbeiten sind natürlich ein ganz besonderes Feingefühl und ein »gutes Auge« erforderlich. Hierzu sind ebenso eine Reihe von Farben, Klebern und sonstigen wichtigen Dingen notwendig. Zu reparierende Objekte müssen stets mit demselben Material ergänzt werden, aus dem sie bestehen. Vor der eigentlichen Arbeit müssen also die gleichen Porlinge gesucht werden. Ist zum Beispiel an einem besonders schönen Porling ein Stück abgebrochen oder durch Fäulnis oder Tierfraß fehlerhaft, muss ein ähnliches Stück von einem Fruchtkörper der gleichen Art als Ersatzstück eingepasst werden. Dann wird die Stelle mit Acryl verspachtelt. Ein Nachmalen mit der gleichen Acrylfarbe, die leicht mischbar ist, erfordert eine Auswahl verschiedener Farben, Pinseln und kleinen Spachteln.
Ist dann am Ende eine nicht sichtbare Reparatur erfolgt, kann man auf die Arbeit stolz sein. Das anschließende Imprägnieren mit Holzwurmmittel und die letztlich erforderliche Behandlung mit dem bereits genannten Lack bilden den Abschluss.

Flacher Lackporling (Ganoderma applanatum). Dies ist ein außergewöhnlich großes Exemplar, welches im frischen Zustand 364 cm Umfang aufwies. Das geschätzte Alter beträgt 15 Jahre. Das Exemplar ist 115 cm breit und 85 cm tief. Vor der Restaurierung wog der Porling durch eingewachsene Steine 42 kg.

Ein derart großer Fruchtkörper an einer unzugänglichen Stelle an einer Böschung und noch dazu mit einem sehr geringen und teilweise schon vergehendem Zuwachsrand sollte als Anschauungsstück für die Öffentlichkeit präpariert werden. Im Bild auf der linken Seite ist der bereits angefaulte Außenrand erkennbar, der in der Restaurierung ersetzt werden musste. An der Unterseite waren Steine eingewachsen, die teilweise bis zur Oberfläche durchragten und von oben sichtbar waren. Durch Entfernung dieser Objekte entstanden einige Löcher, die mit Stücken aus Ersatzmaterial von anderen Fruchtkörpern ausgefüllt werden mussten. Es stand eine lange Zeit der Arbeit mit dem Fruchtkörper bevor.

Nach der beschwerlichen Ernte musste der Porling erst einmal gründlich gesäubert und das eingewachsene Moos mit der Pinzette ausgezupft werden, danach wurden auf der Unterseite die vielen eingewachsenen Steine entfernt. Schließlich wurde der Fruchtkörper gründlich mit Pressluft ausgeblasen. Direkt danach wurde der gesamte Porling »satt« mit Holz- und Wurmschutzmittel eingestrichen. Die Trocknungszeit dauerte einige Tage im Schatten. In dieser Zeit wurden die schadhaften Stellen mit passenden Teilen anderer gleicher Pilze ausgefüllt und mit Acryl eingeklebt. Da zum späteren Aufstellen die Unterseite teilweise mit der Kettensäge egalisiert werden musste, war jetzt die passende Gelegenheit dazu.

Die vielen eingewachsenen Steine lassen den Porling ähnlich wie ein Gebirge aussehen. Nach deren Entfernung wurde der Lackporling um einiges leichter und von einer Person bewegbar.

Der fertig restaurierte und behandelte Flache Lackporling als Ausstellungsstück. Im Rennsteigmuseum in Neustadt ist er zu sehen.

Nach den genannten Arbeitsgängen wurde ein dazu passender Unterständer benötigt, der am besten aus einem Wurzelstock einer Fichte bestehen sollte. Diese wurde im Wald gesucht. Die Montage war einfach. Nach einer intensiven Behandlung mit dem schon beschriebenen Lack war der Flache Lackporling so weit fertig. Nicht zu vergessen und doch wichtig sind die Nachfärbungen an den einzelnen reparierten Stellen. In diesem Zustand soll der Porling noch als Anschauungsobjekt für viele Jahre erhalten werden.

Einige restaurierte Arbeiten aus Porlingen.

Ein Gesteck aus einzelnen Trieben des Glänzenden Lackporlings (Ganoderma lucidum). Die Fruchtkörper sind eigene Züchtungen. Sie wurden leicht mit Holzwurm-Ex und Lack behandelt. Nach ca. sechs Jahren ist der Zustand noch derselbe des ersten Tages.

Als Anschauungsstück für eine Ausstellung wurde dieses Exemplar angefertigt. Alle Porlinge wurden mit Holzschutz und »Wurm-Ex« konserviert und leicht mit Lack überzogen, um den natürlichen Zustand zu erhalten. Der Trägerstamm ist Birkenholz, die Grundplatte besteht aus Sperrholz, die mit Birkenrinde umklebt wurde.

Porlinge:

Flacher Lackporling (Ganoderma applanatum)
Birkenporling (Piptoporus betulinus)
Rotrandiger Baumschwamm (Fomitopsis pinicola)
Drei Fruchtkörper Schmetterlingstramete (Trametes versicolor)
Rötende Tramete (Daedaleopsis confragosa)
Zunderschwamm (Fomes fomentarius) (2 Fruchtkörper, wovon der größere direkt und echt am Stamm angewachsen ist.)

Die einzelnen Fruchtkörper sind an den Träger angepasst und gedübelt und mit Silikon farblos verklebt. Die Klebefugen wurden mit farbig angepasstem Acryl nachgefärbt.

Als Anschauungsstück angefertigt, hauptsächlich wegen der sonderbaren Wuchsbildung des oben gezeigten und an dem echten Ast gewachsenen Schwarzen Feuerschwamm (Phellinus trivalis). Weiterhin angebracht sind ein Schwefelporling (Laetiporus sulphureus) und Zottiger Schillerporling (Inonotus hispidus). Alle Teile wurden imprägniert und mit »Holzwurm-Ex« bearbeitet. Lack wurde nicht verwendet.

Ein dekorativer Wandschmuck aus einem, wie ich ihn bezeichne, »Falschen« Schiefen Schillerporling. Es ist eine Wucherung an Birke und sieht dem echten Inonotus obliquus oft sehr ähnlich. Die imprägnierte und lackierte Wucherung ist eigentlich eine Knolle, welche im Inneren ein sehr schönes Birkenmaserholz freigibt. Als Drechselholz für Dosen oder Ähnliches gut geeignet.

Ein Flacher Lackporling, gut getrocknet, imprägniert, auf eine unsichtbare Grundplatte aufgeklebt. Er wurde zweimal lackiert und gibt als ein dekorativer Kerzenleuchter zum Advent ein schönes Bild ab.

Beide Bilder zeigen getrocknete und imprägnierte Äste des Glänzenden Lackporlings (Ganoderma lucidum). Die Äste wurden leicht mit Lack überspritzt. Als Tischschmuck und zum Dekorieren ist er gut geeignet. In Kombination mit Zunderschwamm oder Keramiktöpfen als Fassung kann die Gestaltung beliebig sein.

Zum Schluss möchte ich noch einmal darauf hinweisen, dass bei der Bearbeitung von Zunderlappen in zu dünner und vor allem zu samtig weicher Qualität ohne einen Wurmschutz eine dauerhaft lange Haltbarkeit nicht gewährleistet ist. Die Qualität der Beispiele aus Rumänien nahm nach sechs bis sieben Jahren spürbar ab. Die Exemplare wiesen Fliegenstiche und damit Wurmbefall auf. Eine Nachbehandlung ist jetzt nötig!

Herstellung einer alkoholischen Tinktur aus Zunderschwamm.

Neben den beschriebenen vielseitigen Verwendungsmöglichkeiten aus dem Zunderschwamm soll nun noch die Herstellung eines alkoholischen Ansatzes des

Fruchtkörpers beschrieben werden. Im Zunderschwamm wurden einige Inhaltsstoffe für die gesundheitsfördernde Anwendung wissenschaftlich nachgewiesen. Auch Studien dazu liegen vor.
Ein alkoholischer Extrakt soll u. a. gegen Magenverstimmung, Blasenleiden, Hämorrhoiden, Regelschmerzen etc. auf der Empfehlungsliste stehen. Nach eigenen Versuchen ist über Jahre ein Rezept entstanden, welches ich immer wieder gern anwende. Zunächst werden dazu einige nicht allzu große gesunde Zunderschwämme gesucht. Danach wird mit einem scharfen Messer die Außenkruste entfernt. Bei kleineren Fruchtkörpern geht das noch ganz gut. Anschließend wird der ganze Schwamm einschließlich der Röhrenschicht (auch diese enthält wichtige Inhaltstoffe) mit dem Hebelscheider in etwa 0,5 cm dicke Scheiben geschnitten, mit der Presse zerkleinert und anschließend im Trockengerät getrocknet. Zuletzt werden die Stücke mit der Schlagmühle zermahlen. Diese Zerkleinerungen sind wichtig, da dadurch die Inhaltstoffe besser im Alkohol gelöst werden. 70 g dieses Pilzschrotes werden in ein zwei Liter fassendes, dicht schließendes Einmachglas mit Spanndeckel und Gummiring gegeben und mit 1 l 69%igen Primasprit übergossen. Dabei sollte das Pilzschrot reichlich, mindestens 3 cm überdeckt sein. Es soll ein geschmacksneutraler Alkohol verwendet werden, was bei Primasprit der Fall ist. Das Gefäß muss an einem warmen Ort, etwa neben der Heizung o. ä. und vor allem dunkel aufgestellt werden (abdecken!). Dabei ist es jeden Tag einmal aufzuschütteln, damit sich die Inhaltstoffe besser im Alkohol lösen. Nach mindestens sechs Wochen, besser sind sogar acht Wochen, wird das Gemisch durch einen sauberen Kaffeefilter oder ein feines Filtertuch abgefüllt und vollständig ausgepresst. In dunkle Flaschen gefüllt und fest verschlossen, hält sich

der Ansatz an einem kühlen und dunklen Ort mindestens zwei Jahre. Mit diesem Rezept ist ein reiner Ansatz aus dem ganzen Zunderschwamm hergestellt, mit allen im Fruchtkörper enthaltenen Inhaltsoffen (Zunderschwamm schmeckt sehr neutral). Sollte ein würzig schmeckender Ansatz bevorzugt werden, wie ich ihn persönlich sehr schätze, gibt man dem ausgepressten Sud 100 ml originale Angostura Rinde (48%ig) hinzu. Diese ist auch unter der Bezeichnung »Angobitter« oder »Angosturabitter« bekannt. Sie wird als natürlicher alkoholischer Geschmacksverbesserer speziell für Ansätze verschiedener Kräuter verwendet, in diesem Fall für den Zunderschwamm. Dieser alkoholische Zusatz ist in Fachgeschäften für Spirituosen erhältlich. Da der beschriebene Ansatz aus dem Zunderschwamm sehr hochprozentig ist, genügt jeden Tag ein Teelöffel voll vor dem Schlafengehen. Wohl bekomm‘s!

Der Zunderschwamm als Heilpilz.

Schon vor Jahrhunderten war der Fomes fomentarius in der Volksmedizin bekannt. Man weiß ja mittlerweile, dass bereits der Gletschermann »Ötzi« den Zunderschwamm als Heilpilz und vor allem zum Feuermachen vor über 5300 Jahren bei sich trug.

Nicht neu ist auch, dass der Fomes fomentarius vor langer Zeit als blutstillende Wundauflage verwendet wurde. Noch bis 1920 wurde der Wundschwamm unter dem Namen »Chirurgorum« in Apotheken verkauft. Bei Operationen im Ersten Weltkrieg in den Feldlazaretten war der Wundschwamm sehr begehrt und neuerdings hat man sich dessen bei der Akkupunktur und Tätowiertechnik wieder besonnen. Der Wundschwamm war bei den Schwammklopfern neben dem Feuerzunder

der wichtigste Zunder. Bis zum Ende der Schwammklopferei wurde er neben dem Feuerzunder hergestellt. Auch in der TCM wurde Zunderschwamm als anerkanntes Mittel bei Lungen- und Magenerkrankungen, die auf Krebs hindeuteten, eingesetzt. Als Mittel gegen Blasenleiden, schmerzhafte Regelblutungen oder Hämorrhoiden wurde er außerdem eingesetzt. In pulverisierter Form ist der Fruchtkörper zudem zur Behandlung schlecht heilender Wunden nutzbar.

Es ist sehr erfreulich, dass in neuester Zeit in Deutschland die Erforschung des Zunderschwammes (wieder) beachtliche wissenschaftliche Erfolge vorweisen kann. Die neuesten Forschungsergebnisse werden im Forschungsinstitut BIO POL e. V. in Berlin mit moderner Biotechnologie hervorgebracht. Durch modernste Technologien ist es jetzt möglich geworden, den Wirkstoff, das Glucan-Melanin-Chitin-Komplex, als einen natürlichen Vitalstoff bereitzustellen. Es wird unter der geschützten Marke »CGM« geführt, wobei das C für Chitin, das G für Glucan und das M für Melanin steht. Der Wirkstoff Chitin ist eine Art Panzerung, wie er bei Schalentieren, z.B. Krebsen, in der Natur vorkommt. Aufbereitet vom ganzen Fruchtkörper als feinstes Pulver, kann es äußerlich als Wundauflage zur Behandlung schlecht heilender Wunden oder auch in Wasser gelöst für bakterielle Entzündungen und zur Senkung des Cholesterinspiegels eingesetzt werden.

Der Wirkstoff Glucan kommt auch in Hefe und verschiedenen Getreidearten vor. Das erforschte CGM ist hochwirksam. Nebenwirkungen sind bisher nicht bekannt! Melanin ist ein biologischer Stoff, welcher für die Haut wirksame Abwehrstoffe bildet, z. B. gegen schädliche UV-Strahlung. Es ist zudem gegen Infektionen sehr wirkungsvoll und ein wichtiger Bestandteil von Salben und Kosmetika.

Die Aufbereitung des uns zur Verfügung stehenden Fruchtkörpers Fomes fomentarius ist sehr aufwendig und bedarf einiger Hilfsmittel. Zuerst ist eine unbedingte Sauberkeit bei allen Geräten, die zur Zerkleinerung gebraucht werden, sehr wichtig. Nach eigenen Erfahrungen kann ich folgendes Vorgehen empfehlen: Wie bei allen Arbeiten mit dem Fruchtkörper ist zuerst die harte Außenkruste weitgehend zu entfernen. Es sollten dazu nicht allzu große und vor allem gesunde Fruchtkörper geerntet werden, wo die äußere Schicht noch nicht zu dick ausgebildet ist. Mit einem Messer oder Hebelschneider werden die Fruchtkörper in etwa 0,5 cm starke Scheiben in Richtung der Röhren zerteilt. Ob das parallel zur Anwachsstelle oder winklig dazu geschieht, ist unerheblich.

Ein stabiles Hackmesser, auf einer Arbeitsplatte mit Gelenk befestigt, bringt mühelos dünne Scheiben hervor. Dabei entsteht kein Abfall wie etwa beim Sägen. Danach werden die Scheiben mit der Presse in erbsengroße Stücke zerkleinert und anschließend im Trockengerät bei 50° C getrocknet. Die so behandelten Stücke werden anschließend in der Schlagmühle zermahlen. Um die nötige Pulverform zu erreichen, ist der letzte Mahlgang in der Getreidemühle notwendig. Je feiner das Mahlgut ist, desto besser löst es sich in warmem Wasser auf und kann so eingenommen werden.

Unbedingt zu beachten ist, dass sich das Mahlgut durch die Reibung der Mahlsteine nicht erhitzt. Eine häufige Unterbrechung dieser Arbeit ist sinnvoll.
Durch eine Erhitzung können eine Qualitätsminderung und eine Zerstörung der wichtigen Inhaltsstoffe die Folge sein. Sicher gibt es noch andere Möglichkeiten bei der Mahltechnik, die jedoch für den privaten Bereich finanziell meist unerschwinglich sind.
Wenn die empfohlenen Schritte eingehalten werden und das Zunderpulver sich nicht erhitzt, kann davon

ausgegangen werden, ein qualitativ hochwertiges und gut verträgliches Präparat hergestellt zu haben.
Bis vor gar nicht allzu langer Zeit galt der Glänzende Lackporling (Ganoderma lucidum) als der König unter den Heilpilzen. Jetzt scheint sicher, dass er einen hervorragenden Konkurrenten hat.
Man hört oft, dass der Zunderschwamm (Fomes fomentarius) der »Trüffel unter den Heilpilzen« sei.

Jetzt ist es an der Zeit, nach Zunderschwämmen zu suchen! Im Herbst, wenn das Laub fällt, ist die beste Zeit dazu. Wenn noch Fragen offen sind oder etwas unverständlich erscheinen sollte, fragen Sie mich. Ich bin gern im Rahmen des Möglichen bereit zu helfen.
Denken Sie daran: Es ist noch kein Meister vom Himmel gefallen!

Hans Schaub

Literatur.

Lajos, István/ Lajos, Szöcs: Taplómegmunkálás Korondon. Székelyudvarhely 2008.

Thüringer Rennsteigverein e. V. (Hrsg.): Blätter zur Heimatgeschichte von Neustadt am Rennsteig, Hefte 1-8, Neustadt am Rennsteig.

http://www.gnegel.de/zuendschwaemme.htm,
Abruf am 09.04.2015.

http://www.kuriose-feiertage.de/27/11/tag-des-streichholzes/,
Abruf am 02.07.2011.

http://www.vitalstoffmedizin.com/mineralstoffe/Phosphor.html,
Abruf am 08.04.2015.

www.forschungsinstitut-biopol.de,
Abruf am 20.07.2015.